Antoni Pau Nadal Cervantes

CÁLCULOS DE NAVEGACIÓN ASTRONÓMICA

Ejercicios resueltos

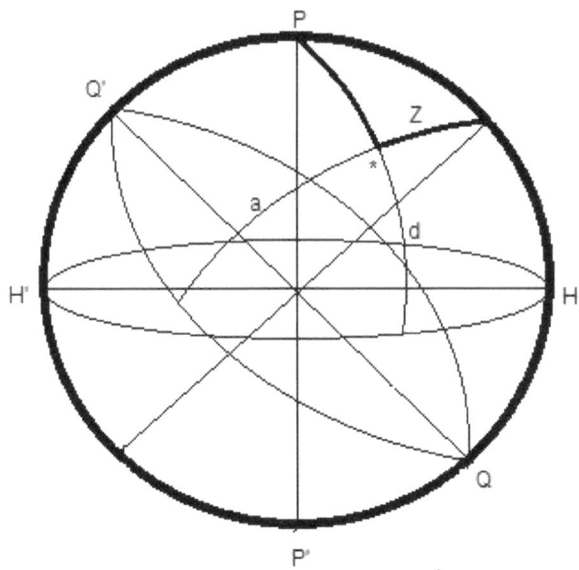

Examen de capitán de yate, RD 875/2014

FSC
www.fsc.org
MIXTO
Papel procedente de fuentes responsables
Paper from responsible sources
FSC® C105338

Impresión y editorial: BoD – Books on Demand
info@bod.com.es - www. bod.com.es
Impreso en Alemania – Printed in Germany

ISBN: 978-8-4137-3326-5

Dedicado a:
a quien me abrió la ventana al mar,
a quien más me enseñó,
de quien más aprendí,
a mis maestros y amigos,
Juan Bellver
Ignacio Triay,
a tantos otros.

Agradecimientos:

A mi pareja, por todo.

A mi hijo, por el tiempo que no le he dedicado.

A José Muñoz y a M. Cristina Pomar, por su inestimable ayuda,

a Carlos Petisco, por su inspiración.

Índice

Prólogo 9

1. Resolución analítica del triángulo de posición 13

2. Medida del tiempo 35

3. Almanaque náutico 57

4. Rectas de altura 85

5. Situación por rectas de altura 119

6. Corrección total 169

7. La derrota ortodrómica 189

Anexo 1. Error de índice 215

Anexo 2. Uso de la calculadora 219

Anexo 3. Definiciones y abreviaturas 223

Prólogo

"El mejor experto también fue un día aprendiz".

Vaya por delante que este humilde y novel autor está muy lejos de poder considerarse un experto, y que en realidad está mucho más cerca del aprendiz que del maestro. Sin embargo, quizás esta posición me permita comprender mejor la dificultad que supone la curva de aprendizaje, sobre todo al inicio del estudio de cualquier materia. Una de las principales motivaciones para escribir estas páginas es trasladar a otros que están empezando e intentar hacer más fácil ese camino.

Otra motivación importante tiene que ver con lo que supone el aprendizaje por la práctica y la intención de reforzar mis propios conocimientos.

Quizás el orden sea inverso a lo antes mencionado. El desarrollo de este libro tenía, como objetivo inicial, repasar, reforzar y ampliar mis propios conocimientos sobre la materia. Aunque hoy en día las tecnologías disponibles a bordo suponen dejar en desuso los antiguos métodos de navegación y los cálculos inherentes a estos, pensé que sería interesante recuperar los conocimientos adquiridos en su momento, y dedicarle cierto tiempo a su repaso antes de que estos pudiesen caer en el olvido.

Después de mucho trabajo, muchos ejercicios, muchos borrones y correcciones, mucho pensar y muchas teclas de calculadora, pensé que sería interesante que este esfuerzo sirviese para facilitar el aprendizaje de aquellos que están empezando y que se encuentran delante de ese muro que supone pasar de la teoría a la práctica, afrontar la realidad tras unos conocimientos puramente teóricos, pero que necesitan dar un salto para llegar al objetivo que supone o pretende dicho aprendizaje.

Estas páginas son, simple y llanamente, un conjunto de ejercicios prácticos resueltos, intentando, con la explicación del desarrollo de cada uno de ellos, crear la herramienta que en su momento me gustaría haber tenido en mis manos para hacer más fácil la curva de aprendizaje, y como tales, no incluyen más aspectos teóricos que alguna referencia, algún recordatorio, alguna breve explicación que creo necesaria para comprender algo mejor cada ejercicio a desarrollar y solucionar.

Este trabajo va dirigido a los estudiantes de la asignatura de cálculos de navegación que ya conocen la teoría, que ya han empezado con la resolución de los problemas de cálculo de navegación astronómica, pero que, cuando se enfrentan en solitario a afrontar la resolución de los ejercicios aplicando los conocimientos adquiridos, de repente se encuentran con un maremágnum de tablas, fórmulas y correcciones cuyo orden y procedimiento aún no han terminado de integrar, que se encuentran ante una diversidad de caminos y una difícil elección de cual tomar para llegar a buen puerto.

Mi percepción acerca de algunos estudiantes es que, a pesar de comprender los conceptos teóricos, no hallan el camino por dónde empezar o continuar. Esos estudiantes, que todos hemos sido, a los que los enunciados nos han supuesto un muro a la hora de afrontar el problema o ejercicio, que de repente nos dejan la mente en blanco, y sobre todo, inseguridad.

Por este motivo, he planteado la resolución del ejercicio desde una perspectiva en que, primero se analiza la pregunta, la información de la que disponemos, el camino a tomar, para luego, una vez localizado el objetivo y obviar la información innecesaria, entrar en la resolución de una forma más mecánica, más segura y sencilla. Esta reflexión inicial, aunque pueda parecer una obviedad, resulta sin embargo bastante común al afrontar el problema con prisas, de forma mecánica, pero sin el objetivo claro, sin plantearse a qué nos enfrentamos realmente. Tanto es así que, en algunos casos, aparecen ejercicios que ofrecen muchos datos del todo innecesarios, que no hacen más que despistar y complicar el camino para la resolución de lo que podría ser mucho más sencillo, a la busca de que el estudiante que se está examinando demuestre su seguridad y sea capaz de no malgastar ese tiempo que supone el ejercicio planteado para despistar.

En las siguientes páginas se pretende reforzar esa seguridad, a través de la práctica, planteando diferentes ejercicios que van de lo más sencillo a supuestos algo más complicados, e incluso, ejercicios pocas veces planteados en los exámenes de la última época, pero que no está de más conocerlos y practicar su resolución para llegar a un conocimiento un nivel algo más alto del necesario.

La estructura del libro sigue la misma que se plantea en el temario que aparece en la normativa que establece los requisitos del examen teórico/práctico para acceder a la titulación de capitán de yate. Un temario que va de menos a más, para finalmente terminar con dos temas que, de algún modo, son algo independientes de la secuencia de los cinco primeros.

Con estas páginas pretendo ayudar, tanto a esos estudiantes que empiezan, como a aquellos que quieren practicar aquello que un día aprendieron, pero que la falta de uso les ha hecho olvidar.

A todos los que se adentren en el maremágnum de fórmulas, tablas, cálculos y gráficos, sea cual sea su objetivo, les deseo mucha suerte y, en especial, a aquellos cuyo inmediato objetivo es superar un examen y obtener el anhelado título que para los que amamos el mar supone llegar a ser capitanes de yate.

Capítulo 1

Resolución analítica del triángulo de posición

Resolución analítica del triángulo de posición, en los siguientes supuestos:

- **Conocidos latitud, declinación y horario del lugar, calcular altura estimada y azimut náutico.**

Introducción

Los ejercicios de este capítulo consisten en resolver dos datos básicos del triángulo de posición, técnica que, posteriormente, será imprescindible para resolver otro tipo de ejercicios. Parte de estos ejercicios serán, precisamente, calcular la altura estimada y el azimut del astro. Ambos datos son necesarios, bien para calcular los determinantes del astro (capítulo 4), para a continuación dibujar las rectas de altura y hallar la posición de la embarcación (capítulo 5) o incluso para calcular la corrección total (capítulo 6).

Dado que la resolución del triángulo de posición se va a utilizar en el resto de capítulos como parte de las operaciones a realizar en la resolución de algunos ejercicios, este capítulo constará de una puqueña variedad de ejercicios, siendo las únicas diferencias entre estos el modo de resolución cuando se den circunstancias especiales, como por ejemplo, cuando la declinación del astro y la latitud estimada del observador sean de distinta especie, o cuando el horario del astro en el lugar (h*l) sea mayor que 180^0. En estos casos, veremos cómo debemos realizar una conversión de dicho valor para trabajar con ángulo en el polo (^P) al que denominaremos oriental, a diferencia de cuando el horario del astro en el lugar (h*l) sea menor o igual que 180^0. En este último caso, el horario del astro en el lugar (h*l) coincidirá con el ángulo en el polo, al que denominaremos ángulo en el polo occidental.

En cualquier caso, dada la importancia de conocer la técnica correspondiente a este capítulo, con el objetivo de resolver muchos de los ejercicios de la parte correspondiente a cálculo de navegación del examen para la obtención del título de capitán de yate, se van a plantear varios ejercicios muy similares, pero con diferentes datos para que el estudiante pueda practicar con las fórmulas y dominar esta parte del temario.

Aunque se trata de un libro de ejercicios resueltos, se recomienda al estudiante, tanto para este capítulo como para el resto, que, una vez conocida la técnica, consistente en este caso en conocer el funcionamiento y significado de las dos fórmulas necesarias, y del modo de introducir los datos y las mismas en la calculadora, que intente resolverlos por su cuenta antes de acceder a la explicación de la resolución.

Fórmulas de referencia:

$$sen\,ae = sen\,l\ x\ \operatorname{sen}\delta + \cos l\ x \cos\delta\, x \cos\ {}^\wedge P$$

$$Cotg\ Z = \frac{tg\ \delta\ x\ cos\ l}{sen\ {}^\wedge P} - \frac{sen\ l}{tg\ {}^\wedge P}$$

Definiciones:

- ae. Altura estimada.
- l. Latitud.
- δ. Declinación.
- ^P. Ángulo en el polo.
- Z. Azimut.

Es posible que el estudiante encuentra diferentes formatos de estas fórmulas para el cálculo del triángulo de posición, pero cabe indicar que són exactamente la misma.

En algunos casos aparece cos (90 – ae) en lugar de sen (ae), cuando el seno de un ángulo es igual al coseno del ángulo complementario.

sen x = cos (90 - x).

En otros casos veremos fórmulas que, en vez de usar *tangente* usan *seno / coseno*, o en vez de utilizar *1 / seno,* utilizan *secante*, etc. En definitiva, variantes de la misma fórmula.

También aparecen diferencias respecto al uso de los signos. En algunos casos, cuando la latitud y declinación del astro sean de distinta especie, se introduce el signo negativo en el valor de la declinación. En otros casos, al trabajar con latitud y declinación del astro de diferente especie, se multiplica el primer sumando de cada una de las fórmulas por -1, y en función del signo del resultado continuaremos. Este es el método que usaremos a lo largo de las páginas de este libro.

Actuaremos del siguiente modo:

- Dividimos las fórmulas en dos partes, donde el primer sumando sería A y el segundo sería B.
- Si latitud y declinación del astro son de diferente especie, multiplicamos el sumando A (en ambas fórmulas) por -1.
- Finalmente el valor positivo o negativo definirá el resultado final.
- En la fórmula sen (ae), si el resultado es negativo, significa que el astro se sitúa por debajo del horizonte y, por lo tanto, no es visible.
- En la fórmula Cotg Z, debemos tener en cuenta que el resultado es un valor cuadrantal.

Operaremos del siguiente modo:

- Si el resultado es negativo, el componente que define la referencia norte o sur del azimut del astro, será el contrario al componente de la latitud.

- Respecto al otro componente del ángulo cuadrantal del azimut, si el ángulo en el polo es occidental, el componente que define la referencia este u oeste del horario, será oeste (W), y si el ángulo en el polo es oriental, el componente sera este (E).

Lo cierto es que con la notación que hemos definido, es bastante sencillo pasar los datos a la calculadora y resolver la ecuación, ya que, en la mayoría de los casos, se puede realizar toda la operación sin dividir la fórmula en trozos, es decir, introduciendo fórmula y datos en la calculadora y realizar un mínimo de operaciones, obteniendo directamente, *sen ae* en un caso y *Cotg Z* en el otro.

Finalmente, dichos valores se resuelven aplicando la inversa del seno en el primer caso, y la inversa del resultado y posteriormente la inversa de la tangente, en el otro.

Esta forma de trabajo juega a nuestro favor, si tenemos en cuenta que uno de los objetivos de este aprendizaje es pasar un examen cuyo factor en contra es el tiempo disponible para la resolución del mismo.

Al final del libro (anexo 1) se explicarán los pasos, con un ejemplo práctico, de como introducir los datos en la calculadora, apoyándonos en las memorias que ofrece la misma, y que sistema utilizar para facilitar la obtención de cada dato a calcular.

Volviendo al tipo de ejercicios de este capítulo, el título solamente se refiere a las situaciones en las que se conocen la latitud, la declinación del astro y el horario del astro en el lugar. Sin embargo, algunos ejercicios irán un poco más lejos, con el objetivo de acercarse a la realidad de lo que se pide en los exámenes para la obtención del título de capitán de yate, en cuyas preguntas, como no puede ser de otro modo, se entremezclan cuestiones que responden a diferentes capítulos. Dicho esto, se recomienda al estudiante, en cualquier caso, afrontar el problema cuando se conozca la unidad teórica que sustenta la resolución de este.

Ejercicios.

1.1. Calcular la altura estimada y el azimut náutico de un astro para un observador que se encuentra en l = 39⁰ 21' N, sabiendo que su declinación es = 10⁰ 12,5 N y su horario en el lugar = 75⁰ 14'

A: ae = 4,7⁰ *B: ae = 17,8⁰*

C: ae = 19,5⁰ *D: ae = 22,8⁰*

Resolución:

Este primer ejercicio es el más sencillo de este tipo, ya que el enunciado proporciona todos los datos necesarios, de modo que para resolverlo, simplemente hay que introducir los datos y la fórmula en la calculadora y proceder.

$$sen\ ae = sen\ 39^0\ 21' x\ \text{sen}\ 10^0 12{,}5' + \cos 39^0\ 21' x \cos 10^0 12{,}5' x \cos\ 75^0 14'$$

$$\text{sen ae} = 0{,}30635$$

$$\text{ae} = 17{,}8^0$$

La respuesta correcta es la **D*: ae = 17,8⁰***

1.2. Calcular el azimut náutico del astro con los datos del ejercicio anterior.

A: 088,7^0 B: 271,3^0

C: 091,3^0 D: 268,7^0

Resolución:

Como en el ejercicio anterior, disponemos de todos los datos necesarios para resolver el ejercicio, de modo que introducimos la fórmula y los datos en la calculadora y resolvemos. La única dificultad de este ejercicio consiste en aplicar correctamente los componentes del resultado cuadrantal y convertir dicho resultado a azimut náutico.

$$Cotg\,Z = \frac{tg\,10^0 12{,}5' \text{ x} \cos 39^0 21'}{sen\,75^0 14'} - \frac{sen\,39^0 21'}{tg\,75^0 14'}$$

Cotg Z = -0,0231214

tg Z = -43,2498828

Z = - 88,7

Como el resultado es negativo, el azimut será de diferente especie que la latitud, por lo tanto, S.

Como el ángulo en el polo es occidental, ya que h*l < 180°, y por lo tanto no lo hemos tenido que corregir, el componente es W.

$$Zc = S\ 88{,}7^0\ W;\ Zn = 268{,}7^0$$

La respuesta correcta es la **D: 268,7⁰**

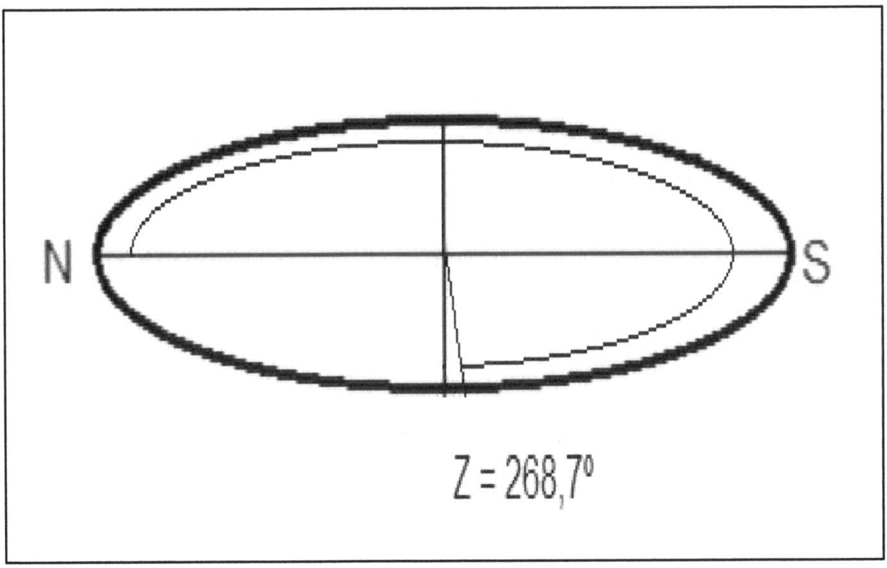

1.3. Nos encontramos en situación 27º 14' N, 73º38' E. En un instante dado, las coordenadas de un astro son: horario en Greenwich = 323º 42', declinación = S 8º 12' ¿Qué altura tendrá el astro?

A: 33º 10,6'	*B: 40º 38,3'*
C: 39º 22,9'	*D: 41º 41,7'*

Resolución:

La resolución de este ejercicio requiere hallar uno de los datos necesarios para introducir en la fórmula, para seguidamente aplicar la fórmula que establece la relación entre el seno de la altura estimada y el resto de los componentes del ángulo de posición, que recordemos son: latitud, declinación del astro y ángulo en el polo. El enunciado nos indica la latitud y la declinación del astro (δ), de modo que, para disponer de todos los datos, nos queda calcular el ángulo en el polo (^P)

Dado h*G, para obtener h*l sumaremos o restaremos la longitud estimada, dependiendo de si la longitud es de componente E o de componente W, respectivamente.

En el caso que nos ocupa, la longitud estimada es de componente E, de modo que h*l = h*G + L

h*l = 323º 42' + 73º 38' = 397º 20’

Como el valor de h*l es mayor que 360^0, restamos 360^0 al valor obtenido:

h*l = 397^0 20' – 360^0 = 37^0 20'

Ya disponemos de todos los datos a introducir en la fórmula.

En este caso, debemos tener en cuenta que la latitud estimada y la declinación son de diferente especie, de modo que, como se ha comentado en la introducción, multiplicaremos el primer sumando de la fórmula por -1.

$$sen\ ae = -1\ x\ sen\ 27^0\ 14' \operatorname{sen} 8^0\ 12' \\ + \cos 27^0\ 14'\ x \cos 8^0\ 12' x \cos 37^0\ 20'$$

sen ae = 0,634484

ae= 39^0 22,9'

Aprovechamos este ejercicio para comprobar que la otra forma de operar da el mismo resultado, consistente en introducir el valor de la declinación en negativo.

$$sen\ ae = sen\ 27^0\ 14' \operatorname{sen} - 8^0\ 12' \\ + \cos 27^0\ 14'\ x \cos - 8^0\ 12' x \cos 37^0\ 20'$$

La respuesta correcta es la **C: 39^0 22,9'**

1.4. El 17 de julio de 2021 a TU = 08:25:00 navegando por la línea del ecuador y estando en L= 045^0 00' W, obtenemos la declinación de la estrella Nunki, δ = 29^0 32,1' S y un horario occidental de la estrella en el lugar, h*l = 031^0 28,1' W. Calcular su altura estimada.

A: ae= 47^0 54,6' *B: ae= 47^0 44'*

C: ae= 47^0 59,6' *D: ae= 47^0 01,2'*

Resolución:

En este ejercicio, el enunciado proporciona todos los datos para aplicar directamente la fórmula de cálculo de la altura estimada. Los datos que ofrece el ejercicio respecto a la fecha y TU no tienen ningún efecto.

$$sen\ ae = sen\ 0\ x\, \text{sen}\ 29^0 32{,}1' + \cos 0\ \ x \cos 29^0 32{,}1'\, x \cos\ 31^0 28{,}1'$$

El resultado es:

ae = 47^0 54,6'

Nota: Teniendo en cuenta que sen (0) = 0, podemos obviar la primera parte de la fórmula.

La respuesta correcta es la **A: ae = 47^0 54,6'**

1.5. Con los datos suministrados en el enunciado del problema anterior calcular el azimut verdadero de la estrella Nunki y la corrección total, si nuestro rumbo verdadero es 195^0 y marcamos el astro 31^0 por estribor.

A: Zv= S 42,7^0 W; 3,3^0 (-) *B: Zv= S 42,7^0 E; 3,3^0 (+)*

C: Zv= N 42,7^0 W; 2,1^0 (-) *D: Zv= N 90^0 W; 1,9^0 (+)*

Resolución:

En este ejercicio, que se basa en los datos del ejercicio anterior, simplemente debemos aplicar la fórmula correspondiente

$$Cotg\ Z = \frac{tg\ 29^0 32{,}1' x\ cos\ 0}{sen\ 31^0 28{,}1'} - \frac{sen\ 0}{tg\ 31^0 28{,}1'}$$

Al igual que en el ejercicio anterior, sen (0) = 0, de modo que, en este caso, podemos obviar la segunda parte de la fórmula.

Cotg Z = 1,0853446

tg Z = 0,9213663

Z = 42,7^0

El resultado de esta fórmula da un valor en formato cuadrantal, de modo que faltaría aplicar los componentes del valor cuadrantal:

La declinación es S, y la latitud es 0, de modo que el componente cuadrantal es S.

Como dice el enunciado, el horario de la estrella en el lugar es occidental, de modo que:

$$Zv = S\ 42,7^0\ W$$

El capítulo correspondiente a los cálculos de corrección total es el 6, sin embargo, dado que los ejercicios están hechos a imagen y semejanza de los exámenes reales, nos adelantamos un poco al temario. Para calcular la corrección total aplicamos la fórmula:

$$Ct = Zv - Za.$$

$$Za = Rv + Ma$$

$$Zv = 180^0 + 42,7^0 = 222,7^0$$

$$Za = 195^0 + 31^0 = 226^0$$

$$Ct = 222,7^0 - 226^0 = -3,3^0$$

La respuesta correcta es **A: Zv = S 42,7^0 W; Ct = 3,3^0 (-)**

1.6. Calcular el azimut náutico de un astro para un observador que se encuentra en l = 31^0 2,4' S, sabiendo que su declinación es = 22^0 1,9 N y su horario en el lugar = 333^0

A: Zn = 167,2^0 *B: Zn = 151,1^0*

C: Zn = 033,2^0 *D: Zn = 029,4^0*

Resolución:

Antes de introducir los datos en la fórmula debemos calcular el ángulo en el polo.

Sabemos que ^P = h*l si trabajamos con ^P occidental que representaremos como ^Pw, y ^P = (360^0 – h*l) si h*l es mayor que 180^0, y se trataría de un ángulo en el polo oriental que representaremos como ^Pe.

^P = h*l si h*l <= 180^0

^P = 360^0 – h*l si h*L > 180^0

En nuestro caso, h*l es mayor que 180^0, de modo que aplicamos la corrección, y ya sabemos que se tratara de un ángulo en el polo oriental ^Pe

^Pe = 360^0 – 333^0 = 27^0

Por otra parte, latitud y declinación del astro son de diferente especie, de modo que multiplicamos el primer sumando de la fórmula por -1.

$$Cotg\ Z = \ -1\ x\ \frac{tg\ 22^0 1{,}9'\cos 31^0 2{,}4'}{sen\ 27^0} - \frac{sen\ 31^0 2{,}4'}{tg\ 27^0}$$

$$\text{Cotg Z} = -\ 1{,}7757178$$

$$\text{tg Z} = -\ 0{,}56315252$$

$$\text{Z} = -29{,}4^0$$

Aplicamos los componentes, ya que recordamos que se trata de un valor cuadrantal.

Como el signo es negativo, el componente N/S será contrario a la latitud, por lo tanto, N.

Como el ángulo en el polo es oriental, el componente E/W será E.

$$Zc = N\ 29{,}5^0\ E = 29{,}4^0$$

La respuesta correcta es la **D: Zn = 029,4⁰**

1.7. Calcular la altura estimada de un astro para un observador que se encuentra en l = 38⁰ 18' N, sabiendo que su declinación es = 24⁰ 36' N y su horario en el lugar = 90⁰ 14'

A: ae = 5,7⁰ *B: ae = 14,8⁰*

C: ae = 16,5⁰ *D: ae = 18,8⁰*

Resolución:

Para resolver este ejercicio, simplemente hay que introducir los datos en la fórmula y calcular.

$$sen\ ae = sen\ 38^0\ 18' x \operatorname{sen} 24^0\ 36' + \cos 38^0\ 18' x \cos 24^0 36' x \cos\ 90^0 14'$$

Obtenemos sen (ae), y calculando el arco cuyo seno es el valor obtenido, obtenemos el ae:

$$\operatorname{sen} \mathrm{ae} = 0{,}255096$$

$$\mathrm{ae} = 14{,}8^0$$

La respuesta correcta es la ***B: ae = 14,8⁰***

1.8. Calcular el azimut náutico del astro con los datos del ejercicio anterior.

A: $70{,}1^0$ B: $250{,}1^0$

C: 269.9^0 D: $109{,}9^0$

Resolución:

Como antes, disponemos de todos los datos necesarios, de modo que introducimos la fórmula y los datos en la calculadora y resolvemos.

$$Cotg\ Z = \frac{tg\ 24^0\ 36'\ x \cos 38^0 18'}{sen\ 90^0 14'} - \frac{sen\ 38^0 18'}{tg\ 90^0 14'}$$

Z = 70,1

Como el resultado positivo, el azimut será de la misma especie que la latitud, por lo tanto, N.

Como el ángulo en el polo es occidental, ya que h*l < 180^0, y por lo tanto no lo hemos tenido que corregir, el componente es W.

Zc = N $70{,}1^0$ W; Zn = $269{,}9^0$

La respuesta correcta es la **C: $269{,}9^0$**

1.9. Calcular la altura estimada de un astro para un observador que se encuentra en l = 31⁰ 02,4' S, sabiendo que la declinación del astro es 22⁰ 01,9' y su horario en el lugar = 330⁰.

A: ae = 35⁰ 42,7' *B: ae = 23⁰ 28,7'*

C: ae = 29⁰ 37,8' *D: ae = 35⁰ 40,5'*

Resolución:

Antes de introducir los datos en la fórmula debemos calcular el ángulo en el polo.

En nuestro caso, h*l es mayor que 180⁰, de modo que aplicamos la corrección.

^Pe = 360⁰ – 330⁰ = 30⁰

Por otra parte, latitud y declinación del astro son de diferente especie, de modo que multiplicamos la primera parte de la fórmula por -1.

$$sen\ ae = -1\ x\ sen\ 31^0 02{,}4' \operatorname{sen} 22^0 01{,}9' + \cos 31^0 02{,}4'\ x \cos 22^0 01{,}9'\ x \cos\ 30^0$$

ae = 29⁰ 37,8'

La respuesta correcta es la ***C: ae = 29⁰ 37,8'***

Capítulo 2

Medida del tiempo

Medida del tiempo:

- **Relación entre la hora civil de Greenwich, hora civil del lugar, hora legal y hora oficial.**
- **Diferencia de hora entre dos lugares.**

Introducción

En este capítulo nos adentramos en el cálculo de las relaciones entre los diferentes tipos horarios, así como en la relación entre hora y longitud.

Se explicará cómo se resuelven los ejercicios en los que se nos pide la hora civil u otro tipo de valor horario, en un lugar con una longitud determinada, dada la hora civil o cualquier otro tipo de valor horario, en otro lugar determinado, o calculado tras un período de navegación.

También se resolverán ejercicios en los que, además de cambios de hora de una posición a otra, puede haber cambios de fecha.

Para resolver algunos ejercicios se tendrá que buscar información en el almanaque náutico, materia correspondiente al capítulo 3, sin embargo, la realidad es que, en los exámenes para la obtención del título de capitán de yate, las diferentes técnicas correspondientes a capítulos diferentes se entremezclan en cada ejercicio, de modo que, los ejercicios planteados en este capítulo se acercan más a dicha realidad que a limitarse a ejercicios de medida del tiempo.

Fórmulas de referencia:

$$Hcl = TU \pm Lt$$

$$Lt = L/15$$

$$Z = (L + 7{,}5)\,/\,15$$

$$Hz = TU \pm Z$$

Definiciones:

- Hcl. Hora civil del lugar.
- TU. Tiempo Universal. Hora civil en Greenwich.
- L. Longitud.
- Lt. Longitud en tiempo.
- Z. Huso horario.
- Hz. Hora legal.
- Ho. Hora oficial.

Ejercicios

2.1. En un lugar de longitud L = 010^0 00' W la hora civil del lugar es (Hcl) = 22h 40m 00s del día 14. Calcular la hora civil del lugar en un lugar cuya longitud es de 020^0 00' E.

A: Hcl= 00h 40m (14) *B: Hcl= 23h 40m (14)*

C: Hcl= 00h 40m (15) *D: Hcl= 23h 49m (15)*

Resolución:

Este tipo de ejercicios se pueden resolver calculando la diferencia de longitud entre ambos puntos y dividiendo el valor por 15, que es el número de grados de longitud que comprende una hora, sin embargo, se recomienda hallar siempre, como paso intermedio, la hora civil en Greenwich, es decir TU, para posteriormente hallar Hcl en el segundo punto.

Procedemos a hacerlo por el modo rápido, aunque menos seguro:

$$\text{Dif. L} = 010^0\ 00' + 020^0\ 00' = 30^0$$

$$\text{Dif. Lt} = 30^0 / 15 = 2\ \text{h}$$

$$Hcl_b = Hcl_a + \text{Dif. Lt} \Rightarrow Hcl_b = 22h\ 40m\ 00s + 2h = 24h\ 40m$$

$$Hcl_b = 00h\ 40m\ (\text{día } +1)$$

Sin embargo, en algunos casos, el sumar (o restar) directamente las longitudes de los 2 puntos, puede inducir a perder la perspectiva del problema, por lo que vamos a resolverlo por el sistema más ortodoxo, consistente en hallar primero TU para luego hallar Hcl de la segunda posición.

$$TU = Hcl_a + Lt_a = 22h\ 40m\ 00s + (10^0 / 15) = 23h\ 20m$$

$$Hcl_b = TU + Lt_b$$

$$Hcl_b = 23h\ 20m + (20^0 / 15) = 24h\ 40m = 00h\ 40m\ (\text{día } +1)$$

Quizás haber resuelto el ejercicio por las 2 vías pueda despistar al estudiante y pensar que la primera opción es quizás más sencilla.

Mi recomendación, una vez más, es utilizar la segunda opción, dejando solo la primera cuando se domine completamente la técnica y se sepa, claramente que el resultado será el correcto.

La respuesta correcta es la **C: Hcl = 00h 40m (15)**

2.2. El 16 de enero de 2020 estando en L = 012^0 00' W, calcular la HcG (hora civil en Greenwich) y la Hz (Hora zona) de paso del Sol por el meridiano superior del lugar.

A: HcG= 12h 57,6m (16) Hz = 13h 57,6m (16)

B: HcG= 11h 57,6m (16) Hz= 12h 57,6m (16)

C: HcG= 12h 57,6m (16) Hz= 11h 57,6m (16)

D: HcG= 13h 57,6m (16) Hz= 13h 57,6m (16)

Resolución:

Este ejercicio va un poco más allá de calcular la diferencia horaria entre 2 puntos, en el sentido de que no nos dan directamente la Hcl del punto inicial, sino que debemos averiguarla en el almanaque náutico.

Sabemos que, en el almanaque náutico, en la página correspondiente a la fecha del enunciado, aparece el dato del paso del Sol por el meridiano superior del lugar en Greenwich (PMG), y sabemos que, para ese día, la Hcl del paso del Sol por el meridiano superior del lugar de cualquier punto será la misma que aparece en el almanaque náutico para Greenwich, de modo que asumimos que el dato PMG que nos indica el almanaque es la Hcl de la posición de referencia.

PMG (16/01/2020) = 12h 09,6m

Teniendo la hora de paso del Sol por el meridiano superior del lugar, si queremos obtener la hora en otro punto del planeta, debemos sumar o restar nuestra longitud pasada a tiempo, dependiendo de que la otra posición se encuentre más al este o más al oeste de la nuestra.

Dado que nuestra posición es W, Greenwich está, sin ningún tipo de duda, más al este, de modo que, para hallar la hora en este instante de este punto, debemos sumar nuestra longitud pasada a tiempo.

$$HcG = Hcl + Lt$$

$$HcG = 12h\ 9{,}6m + (12^{0} / 15) = 12h\ 57{,}6m$$

Para resolver la segunda parte del ejercicio debemos conocer el huso horario (Z).

Existen varias formas de calcular este dato, pero quizás las más sencilla sea aplicando la fórmula que aparece al principio de este capítulo y tomando, como valor de Z la parte entera del resultado.

$$Z = (L + 7{,}5) / 15 => Z = (012^{0}\ 00' + 7{,}5) / 15 = 1{,}3 => Z = 1$$

$$Hz = TU - 1 = 12h\ 57{,}6m - 1 = 11h\ 57{,}6m$$

Observamos que en ninguno de los cálculos se produce un cambio de día, de modo que el resultado será en el día 16.

La respuesta correcta es:

C: HcG = 12h 57,6m (16) Hz= 11h 57,6m (16)

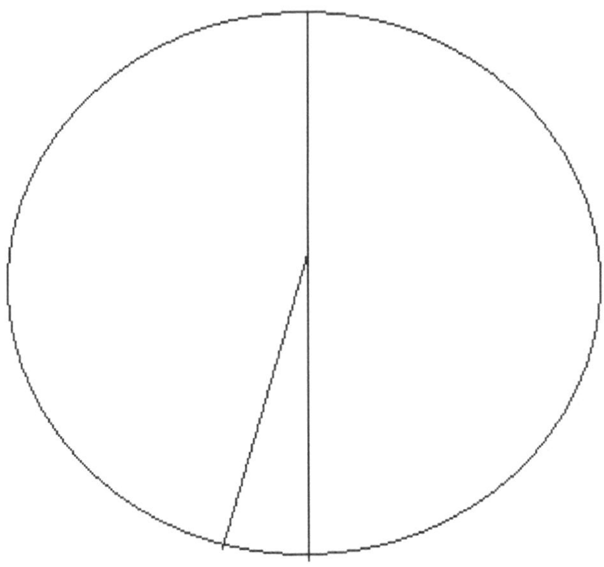

2.3. En Palma de Mallorca (39º 34' N, 002º 39' E) es Hora Civil del Lugar = 23 h 10 m 41 s del 19 de enero de 2021. ¿Qué hora oficial es en Cádiz (36º 32' N, 006º 18' W)?

A: 22h 34m 53s del 19 de enero

B: 23h 34m 53s del 19 de enero

C: 00h 00m 05s del 20 de enero

D: 00h 21m 17s del 20 de enero

Resolución:

Se trata de un ejercicio que puede inducir a errores o cálculos innecesarios, en el sentido que el dato que pide para el segundo punto es la hora oficial, no la Hcl. Decimos que el enunciado puede inducir a error, dado que ofrece la posición del segundo punto, Cádiz, cuando estos no son necesarios para resolver el ejercicio.

Dicho esto, procederemos a calcular TU.

TU = 23 h 10 m 41 s – (002º 39' / 15) = 23h 0m 5s

Para hallar la hora oficial debemos conocer el dato que publica el almanaque náutico, y observamos que nos indica el dato de UTC – hora oficial = - 1 para España excepto Canarias. [1]

[1] Páginas 393 a 396 del almanaque náutico

También indica que dicho horario cambia en verano.

Dado que la situación se produce el 19 de enero, simplemente debemos sumar 1h a TU hallado anteriormente.

Ho = 23h 0m 5s + 1h = 24h 0 m 5s = 00h 0m 5 s (+ 1 día)

La respuesta correcta es la **C: 00 h 00 m 05 s del 20 de enero**

Nota:

Quiero aprovechar este ejercicio para Insistir en la importancia de leer bien el enunciado antes de ponerse a realizar operaciones. Conviene fijarse en que los datos correspondientes a la provincia de Cádiz, en este caso, son del todo innecesarios, y que el problema se podría haber planteado pidiendo la hora oficial en Palma de Mallorca, pero este tipo de preguntas, junto con las prisas y los nervios pueden jugar una mala pasada. Los tribunales no solo pretenden valorar los conocimientos técnicos, sino la capacidad para resolver situaciones que, en plena navegación, podrían suponer un punto de estrés. Si bien este ejercicio en concreto, en la práctica no parece suponer una situación de emergencia, no deja de ser una prueba de la capacidad de concentración del estudiante.

2.4. En un lugar de l = 14⁰ 36,2' S y L= 074⁰ 19,8' E es Hcl = 06h 17m 0s el 21 de noviembre del 2021, ¿Qué hora legal (Hz) y fecha tendremos otro lugar de l = 08⁰ 22,5' N y L= 134⁰ 33,1' W?

A: Hz = 16:19:41 (20) *B: Hz = 17:19:41 (20)*

C: Hz = 15:19:41 (20) *D: Hz = 16:19:41 (21)*

Resolución:

La resolución de este consiste en averiguar TU, partiendo de Hcl y L del punto de referencia y luego calcular Z (huso) de la posición para la que nos piden el dato.

Para hallar Hz, en este caso, restaremos a TU (ya que la segunda posición del enunciado está al W de Greenwich).

$$TU = 06h\ 17m\ 00s - (074^0 19{,}8' / 15) = 1h\ 19m\ 41s$$

$$Z_b = (134^0\ 33{,}1' + 7{,}5) / 15 = 9{,}47h$$

Cogemos solamente la parte entera del resultado: $Z_b = 9$

$$Hz_b = 1h\ 19m\ 41s - 9h = 16h\ 19m\ 41\ s\ (-1\ día)$$

La respuesta correcta es la **A: Hz = 16:19:41 (20)**

2.5. Nuestra embarcación está navegando por el Archipiélago de las Azores. A hora civil de Greenwich (HcG) 17h 32m se encuentra en situación estimada l = 38⁰ 15' N y L = 026⁰ 24' W. Calcular cual será la Hora Oficial (Ho) si el adelanto oficial para el Archipiélago de Azores es -1.

A: 15h 32m *B: 14h 32m*

C: 16h 32m *D: 17h 32m*

Resolución:

Para resolver este ejercicio necesitamos conocer Hz, que será la hora a la que se aplica el adelanto oficial. Para ello debemos calcular primero el huso horario. Ya sabemos que existen diferentes modos de calcular dicho huso, siendo un método sencillo coger el entero del resultado de la siguiente fórmula:

$$Z= (L + 7{,}5 / 15) = (26^0\ 24' + 7{,}5) / 15 = 2{,}26 \Rightarrow Z = 2$$

Una vez obtenido Z, restamos dicho valor a HcG, ya que la posición del barco es al oeste de Greenwich.

$$Hz = 17h\ 32m - 2h = 15h\ 32m$$

Finalmente sumamos el adelanto oficial, que en este caso es negativo.

Ho = Hz – 1h = 15h 32m – 1h = 14h 32m

La respuesta correcta es la **B: 14h 32m**

Nota: Existen otros sistemas usados para calcular el huso horario. Uno de los que se encuentran en los manuales de ejercicios de medida del tiempo para los ejercicios de capitán de yate es el siguiente:

> Dividir la longitud por 15 para pasarla a longitud en tiempo:
>
> Si los decimales del resultado son menores a 0,5, el huso será la parte entera.
>
> Si los decimales son = 0,5 o superior, redondear al entero más próximo.

En nuestro ejercicio:

Z = L / 15 = 1,76

Como los decimales son > 0,5, redondeamos al entero más próximo:

Z (o huso horario) = 2

2.6. Calcular la longitud de un lugar situado en la zona 7 W para el cual Hz sea 16m 30s mayor que la hora civil del lugar.

A: L = 105^0 10' E B: L = 109^0 7,5'W

C: L = 109^0 10' W D: L = 105^0 10' W

Resolución:

Este ejercicio se sale de lo habitual y pone a prueba el conocimiento de las relaciones entre los distintos tipos de horas. El enunciado nos indica el huso del lugar, es decir, la referencia a la hora legal.

Sabemos que la hora legal difiere en la hora civil del lugar en que, si bien la hora civil depende única y exclusivamente de la longitud, la hora legal es la misma para un espacio que incluye 15^0 de longitud. Sin embargo, conocido esto y aplicando las correspondientes relaciones matemáticas podemos continuar sin mayor dificultad.

Para hallar la longitud debemos operar de forma inversa a la habitual, es decir, convertir la longitud en tiempo a longitud, pero antes debemos deducir este dato.

Conocemos las siguientes relaciones:

$$Hz = TU - Z \text{ por lo tanto } TU = Hz + Z$$

$$Hcl = TU - Lt \text{ por lo tanto } TU = Hcl + Lt$$

$$Hz + Z = Hcl + Lt$$

Según el enunciado:

$$Hz = Hcl + 16m\ 30s$$

Sustituyendo:

$$Hcl + 16m\ 3s + 7h = Hcl + Lt$$ [2]

Simplificando:

$$\cancel{Hcl} + 16m\ 3\ s + 7h = \cancel{Hcl} + Lt$$

$$Lt = 7h\ 16m\ 30s;\ L = Lt \times 15$$

$$L = 7h\ 16m\ 30s \times 15 = 109^0\ 7{,}5'\ W$$

La respuesta correcta es la **B: L = 109^0 7,5'W**

---

[2] Valor Z según el enunciado.

2.7. Estando en L = 179^0 W y siendo nuestra Hcl = 3h del día 8, navegamos hacia el W durante 8 horas, recorriendo una diferencia de longitud de 2^0 10'. Calcular la nueva Hcl.

A: 10h 51m 20s del día 10 *B: 10h 51m 20s del día 9*

C: 10h 51m 20s del día 8 *D: 22h 51m 20s del día 18*

Resolución.

Para resolver este ejercicio debemos tener en cuenta la diferencia de longitud navegada, por un lado, y el tiempo navegado, por otro. También debemos tener en cuenta que navegando desde la longitud 179^0 W 2^0 10' hacia el oeste, estaremos cambiando del hemisferio occidental al hemisferio oriental, y que incluso cambiamos de fecha.

$$L_2 = 179^0 + 2^0\ 10' = 181^0\ 10'$$

Observamos, como hemos adelantado antes, que la nueva longitud pasa de 180^0, lo cual no es posible, de modo que debemos ajustarla, lo que haremos restando dicho valor de 360^0 y cambiando del hemisferio occidental al hemisferio oriental.

$$L_2 = 360^0 - 181^0\ 10' = 178^0\ 50'\ E$$

Calculamos la diferencia horaria, pero para ello, averiguamos TU en el momento inicial, lo que haremos sumando la longitud en tiempo:

$$TU = 3h + (178^0 / 15) = 14h\ 56m$$

A continuación, sumamos a TU el intervalo de tiempo que hemos navegado:

$$TU_2 = 14h\ 56m + 8h = 22h\ 56m$$

Finalmente calculamos la nueva Hcl sumando la nueva longitud en tiempo:

$$Hcl_2 = 22h\ 56m + (179^0\ 50' / 15) = 34h\ 51m\ 20s$$

Vemos que el valor es superior a 24h, de modo que restamos 24h y añadimos un día a la fecha

$$Hcl_2 = 34h\ 51m\ 20s - 24h = 10h\ 51m\ 20s \text{ día } 9.$$

La respuesta correcta es la ***B: 10h 51m 20s del día 9***

2.8. ¿Qué hora legal (Hz) es en el meridiano de Greenwich cuando en un lugar de coordenadas l = 61⁰ 40' S y L = 060⁰ 23' W son las 3h 50m de hora legal del día 5?

A: Hz = 7h 50m (6) *B: Hz = 7h 50m (5)*

C: Hz = 6h 50m (5) *D: Hz = 8h 50m (5)*

Resolución:

En este ejercicio seguiremos practicando con la conversión entre las diferentes modalidades de horario.

Si bien, a primera vista, el ejercicio parece necesitar un montón de cálculos, sencillamente debemos calcular el huso horario correspondiente a nuestra posición y sumarlo a nuestra hora legal, ya que, recordamos, que Hz = HcG ± Z, y que Z en Greenwich = 0.

$$Z = (060^{0}\ 23' + 7{,}5)\ /\ 15 = 4{,}52 = 4$$

$$TU = 3h\ 50m + 4h = 7h\ 50m.$$

$$HzG = TU = 7h\ 50m$$

Por otro lado, vemos que no hay ningún cambio de fecha.

La respuesta correcta es la **B: Hz = 7h 50m (5)**

Capítulo 3

Almanaque náutico

Almanaque náutico:

- **Conocida la hora y la fecha de TU, calcular:**
  - **El horario del Sol en Greenwich y su declinación.**
  - **El horario de las estrellas en Greenwich y su declinación.**

- **Conocida la situación de estima y la fecha en el lugar, calcular:**
  - **La hora de paso del Sol por el meridiano del lugar.**

- **Conocida la hora y la fecha en TU, la situación de estima, la altura instrumental del Sol o de una estrella, el error de índice del sextante y la elevación del observador sobre el horizonte, calcular:**
  - **Correcciones y obtener la altura verdadera del Sol (limbo inferior) o estrella.**

Introducción

Esta parte del temario incluye diferentes tipos de ejercicios que, además de añadir cálculos y situaciones nuevas, utilizan los conocimientos desarrollados en los capítulos anteriores. En la mayoría de los ejercicios se deberá acudir a la página 387 del almanaque náutico, en el cual se encuentran las tablas para aplicar las correcciones que permitirán convertir las alturas instrumentales en alturas verdaderas.

Para trabajar con los ejercicios que necesitan de consultas al almanaque náutico, de modo que se recomienda adquirirlo, pero como sabemos se trata de una publicación de carácter anual que, en España, edita el Real Instituto y Observatorio de la Armada de San Fernando. Para no tener que adquirir demasiados volúmenes, se ha intentado que la mayoría de los ejercicios se refieran a un solo año, en concreto 2020. Sin embargo, para las consultas al almanaque náutico, tanto de este año, como del resto, existen páginas web que ofrecen dicha información.

Abreviaturas

ai = altura instrumental.

ei = error de índice.

cd = corrección por depresión del horizonte.

cr = corrección por refracción.

ca = corrección adicional (solo para el Sol).

av = altura verdadera.

Información básica sobre el almanaque náutico.

Además de otra información, que ni en estas páginas ni tampoco en el examen para la obtención del título de capitán de yate se van a usar, la información más importante del almanaque náutico se podría resumir en la siguiente lista:

- Para cada día del año. Páginas 11 a 375.
    - Horario y declinación del Sol para cada hora del día.
    - Hora del orto (salida) y del ocaso (puesta) del Sol para las latitudes 60 N a 60 S en intervalos de 2,5 y 10 grados según valor de la latitud.
    - Horario del punto de Aries para cada hora del día.
- Ángulo sidéreo y declinación de las estrellas más importantes para cada mes del año. Páginas 376 a 379.
- Tablas de determinación de la latitud por observación de la altura de la Polar.
    - Tabla I. Corrección para cada h.l.♈ en intervalos de 30'. Páginas 382 a 383.
    - Tabla II. Corrección para cada h.l.♈ en intervalos de 20^0 y latitud en intervalos de 5^0. Página 384.

- Tabla III. Corrección para cada h.l.♈ en intervalos de 20^0 y mes. Página 384.

- Tabla de azimutes de la Polar. Datos para h.l.♈ en intervalos de 10^0 y latitud en intervalos de 5^0. Página 385.

- Tablas de correcciones para obtener la altura verdadera del Sol, planetas y estrellas.

    - Tabla A. Depresión del horizonte. Corrección para altura del observador en intervalos de 0,1 metros crecientes hasta intervalos de 0,7 metros según la altura de este.

    - Tabla B. Corrección por semidiámetro, refracción y paralaje del Sol en función de la altura aparente.

    - Tabla C. Corrección por refracción para planetas y estrellas en función de la altura aparente.

- Correcciones por minutos y segundos. Páginas 425 a 454.

Ejercicios

3.1. El día 30 de junio de 2020, en situación estimada l = 43^0 56,7' N y L = 005^0 27,9' W, al ser la HCG 17h 15m 32s se observa el Sol. Calcular la altura estimada (ae).

A: ae = 28^0 09,5' B: ae = 20^0 23,8'

C: ae = 24^0 31,5' D: ae = 32^0 16,9'

Resolución:

Este tipo de ejercicios nos permitirán realizar una primera y tímida incursión en el almanaque náutico, en el sentido de que debemos localizar la declinación para la hora civil en Greenwich (HcG) que indica el enunciado y que, como sabemos, también responde al término TU. Por otra parte, necesitaremos calcular el horario del Sol en el lugar (h⊙l), que necesitaremos para obtener el ángulo en el polo.

Estableceremos un mismo orden para todos los ejercicios, y empezaremos por averiguar el ángulo en el polo.

h⊙G (TU:17h) = 74^0 02,6'

Corregimos dicho horario con los minutos y segundos de TU, acudiendo a las páginas finales del almanaque náutico.

Cmmss = 3^0 53,0'

Sumamos y obtenemos horario del Sol en Greenwich corregido:

h⊙Gc = 77^0 55,6'

Restamos la longitud de la posición estimada para obtener horario del Sol en el lugar:[3]

h⊙l = 77^0 55,6' – 5^0 27,9' = 72^0 27,7'

Como el valor es menor a 180^0, este valor es el ángulo en el polo, en este caso, occidental:

^Pw = 72^0 27,7'

Buscamos la declinación del Sol a las 17h 15m 32s. Para ello, obtenemos los datos para TU = 17h y TU = 18h, y luego ajustamos.

17h = 23^0 06,4'

18h = 23^0 06,3'

[3] Restamos, ya que buscamos el horario del astro en un lugar cuya posición está más al oeste del lugar cuyo dato disponemos.

Como la diferencia en una hora es tan solo de 0,1', no será necesario ajustar la declinación a los minutos y segundos:

$$\delta = 23^0\ 06{,}4'$$

Finalmente calculamos la altura estimada aplicando la fórmula correspondiente:

$$sen\ ae = sen\ 43^0\ 56{,}7'\ x\ \text{sen}\ 23^0\ 6{,}4' + \cos 43^0\ 56{,}7'\ x \cos 23^0\ 6{,}4'\ x\ \cos 72^0\ 27{,}7'$$

$$ae = 28^0\ 9{,}5'$$

La respuesta correcta es la **A: ae = 28^0 09,5'**

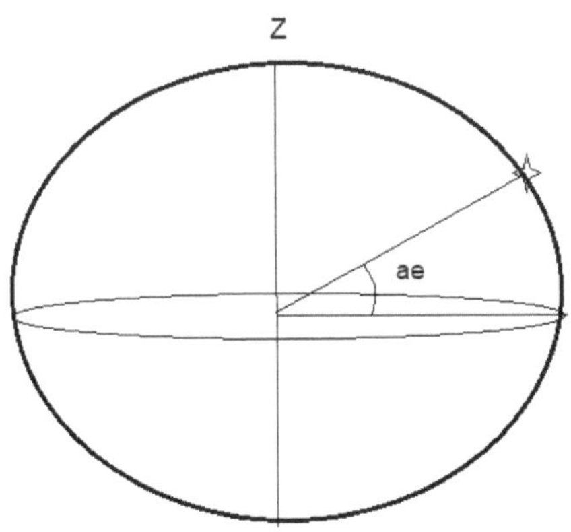

3.2. Siendo 22 de abril de 2021 a Hcl = 16h 47m 18s y encontrándonos en situación estimada l = 38^0 53,2 N L = 042^0 32,6' W. Hallar el horario del lugar del Sol.

A: h⊙l= 157^0 18,4' B: h⊙l= 347^0 07,3'

C: h⊙l= 072^0 12,5' D: h⊙l= 072^0 13,1'

Resolución:

Este ejercicio consiste en hallar TU, sumando la longitud convertida a tiempo a nuestra Hcl, hallar el horario del Sol en Greenwich en ese momento y restar la longitud para trasladar el horario al lugar.

Para recordar conceptos: como Greenwich está más al este que nuestra posición, sumamos longitud en tiempo, ya que en Greenwich la hora (TU) será mayor que la hora en nuestra posición

Una vez tenemos el horario del Sol en Greenwich, restamos muestra longitud, ya que nos hallamos más al oeste de Greenwich.

TU = 16h 47m 18s + (042^0 32,6' / 15) = 19h 37m 28s

Hallamos en el almanaque náutico el h⊙G

hʘG (TU: 19h) = 105⁰ 23,7’

Cmmss (37m 28s) = 9⁰ 22,0’

hʘGc = 114⁰ 45,7’

- L = 042⁰ 32,6’

hʘl = 072⁰ 13,1’

La respuesta correcta es la **D: hʘl= 72⁰ 13,1’.**

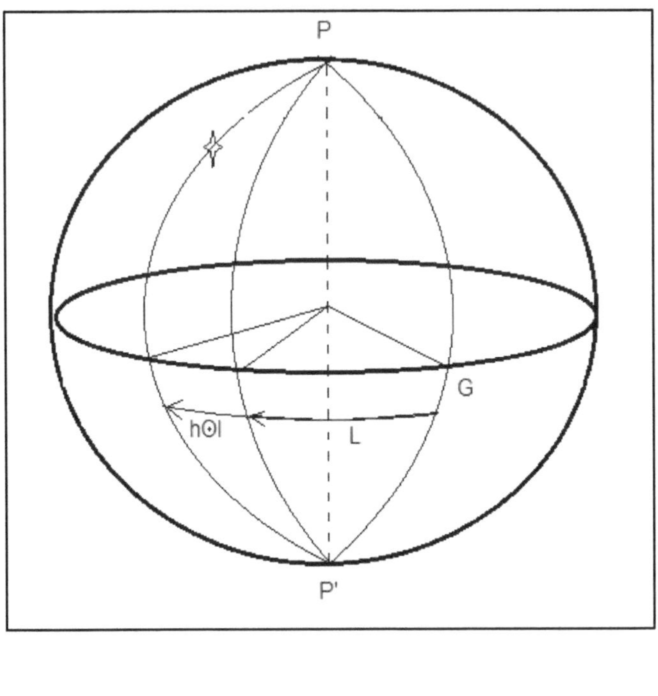

3.3. El día 19 de junio de 2020, estando nuestro buque en longitud estimada L = 030^0 40' W calcular la Hora Legal (Hz) de paso del Sol por el meridiano superior del lugar.

A. 14h 04,1m *B. 13h 01,5m*

C. 12h 04,1m *D. 16h 01,5m*

Resolución:

El enunciado nos remite a una efeméride de un día concreto, por lo tanto, debemos buscar información necesaria para resolver el ejercicio que se halla en el almanaque náutico. Se pide la hora legal del paso del Sol por el meridiano superior de lugar, pero no tenemos más información que la longitud estimada y la fecha. Con la fecha acudimos a la página correspondiente para ese día en el almanaque náutico, y observamos que

PMG = 12h 01,5m.

Sabemos, por definición, o más bien por consenso, que PMG, que es la hora de civil del paso del Sol por el meridiano superior del lugar en Greenwich, será la hora civil del paso del Sol por el meridiano superior del lugar en cualquier punto del planeta y para ese día, de modo que, la hora civil del lugar del paso del Sol por el meridiano superior será la misma.

Sin embargo, para hallar la hora legal (Hz) debemos conocer el huso horario de nuestra posición, por un lado, y la hora civil en Greenwich o TU, en ese mismo instante.

Procedemos, por lo tanto, a calcular el primer dato. Ese tipo de operación se ha explicado en el capítulo segundo, de modo que, sin más explicación al respecto, procedemos.

$$TU = 12h\ 01{,}5m + (30^0\ 40' / 15) = 14h\ 4m\ 10s.$$

Recordamos de nuevo que, como la posición del buque se encuentra en W, la hora civil en Greenwich en ese momento (TU), será mayor, por lo tanto, sumamos nuestra longitud pasada a tiempo.

Por otro lado, debemos calcular nuestro huso horario. Como se ha explicado en los ejercicios del capítulo segundo, una forma sencilla de hacerlo es sumar 7,5 a la longitud, pasarla a unidades de tiempo dividiendo el resultado por 15, y tomar solamente el valor entero.

$$Z= (30^0\ 40' + 7{,}5) / 15 = 2{,}54 = 2h$$

Finalmente calculamos Hz

$$Hz = 14h\ 4m\ 10s - 2h = 12h\ 4m\ 10s$$

Si antes sumábamos nuestra longitud en tiempo porque buscábamos una hora más al este de nuestra posición, ahora hacemos lo contrario, ya que buscamos la hora en una posición más al oeste de la hora de referencia, en este caso la de Greenwich.

La respuesta correcta es la **C: 12h 04,1m**

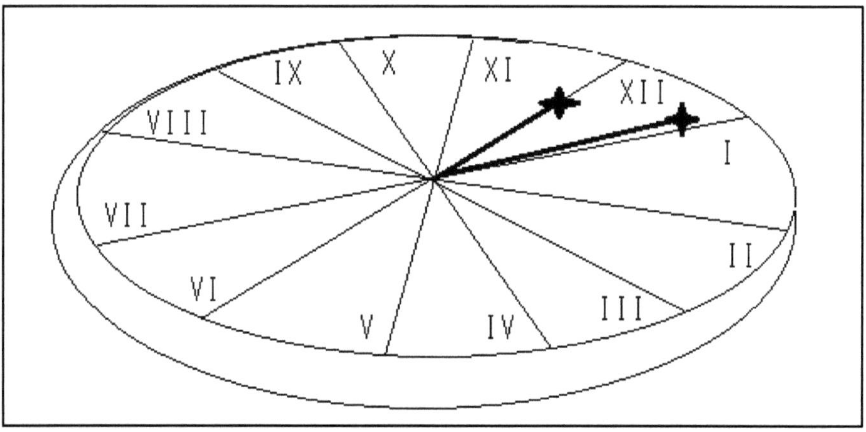

3.4. Sabiendo el 31 de diciembre de 2020 se ha tomado una altura instrumental del Sol limbo inferior de 47^0 32,0', que el observador se halla a una altura de 10,3 metros y que la lectura del sextante en el cálculo de su error de índice por el horizonte mostraba el cero del tambor micrométrico a 0,1' sobre el cero del nonius estando la línea de fe de la alidada sobre el cero (0^0) del limbo. Se pide calcular la altura verdadera del Sol.

A: av= 47^0 41,8' *B: av= 47^0 41,9'*

C: av= 47^0 42,0' *D: av= 47^0 41,7'*

Resolución:

Este ejercicio se resuelve aplicando todas las correcciones necesarias a la altura instrumental (la que se toma con el sextante) para obtener la altura verdadera, datos que más adelante nos servirán para obtener latitudes, posiciones o la corrección total.

Dada una altura instrumental aplicaremos las correcciones que se han definido al principio del capítulo y que responden al siguiente cuadro:

ai =	47^0 32,0'
ei =	0,1’
cd (10,3) =	-5,7’
cr =	15,2’
ca =	0,3’
av =	47^0 41,9'

La respuesta correcta es la **B: av= 47^0 41,9'**

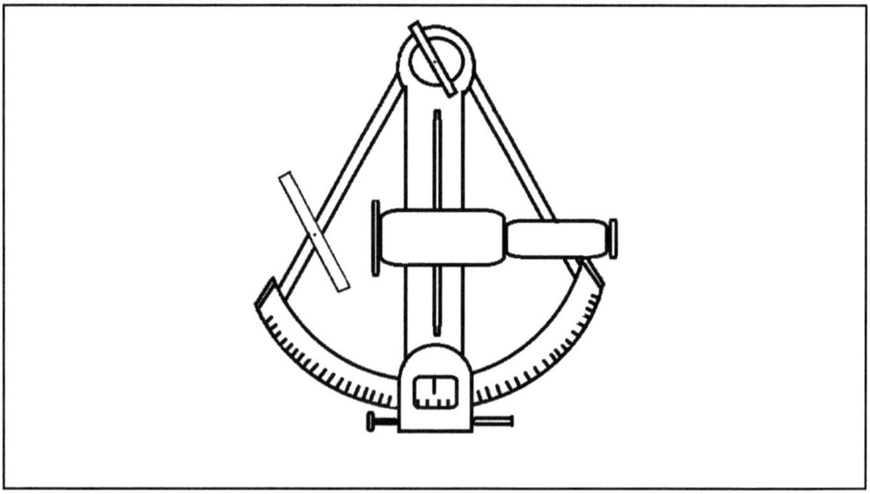

3.5. Calcular el horario en Greenwich y la declinación de Capella (estrella 21 del almanaque náutico), a las 03 h 42 m 31 s UT del 1 de diciembre de 2020.

A: hG = 064⁰ 31,8', dec. = N 46⁰ 01,0'

B: hG = 154⁰ 43,5', dec. = N 46⁰ 01,0'

C: hG = 165⁰ 14,0', dec. = N 46⁰ 01,1'

D: hG = 046⁰ 31,9', dec. = N 46⁰ 01,1'

Resolución:

Para hallar el horario en Greenwich de cualquier astro, tomamos como referencia el Horario en Greenwich del punto de Aries (♈), dato que disponemos en el almanaque náutico para cualquier día del año y para la hora que nos indica el enunciado, que seguidamente corregiremos con los minutos y segundos de la hora TU del enunciado:

$$h♈G = 115^0\ 25{,}9'$$

Hallamos la corrección por minutos y segundos en el almanaque náutico:

$$Cmmss = 10^0\ 39{,}5'$$

$$h♈Gc = 126^0\ 5{,}6'$$

A continuación, buscamos en las páginas correspondientes a los horarios y declinaciones de las estrellas, el ángulo sidéreo (A.S.) y la declinación del astro (δ) del enunciado:

A.S. (Capella) = 280^0 26,3', δ= + 46^0 1,1'

Para obtener hG* sumamos A.S. a h♈Gc:

h*G = 126^0 5,6' + 280^0 26,3', = 403^0 31,9'

dado que el valor supera 360^0 restamos dicho valor:

403^0 31,9' - 360^0 = 46^0 31,9'

La declinación (δ) es un dato que nos indica directamente el almanaque náutico y que ya hemos mencionado anteriormente.

Respuesta correcta, **D: hG = 046^0 31,9', dec = N 46^0 01,1'**

3.6. Calcular el azimut verdadero de Rigel el 14 de mayo de 2018 a TU: 4h 13m 2s, estando en situación estimada le = 40⁰ 14,2' N y Le = 058⁰ 09,2' W.

A: N 37,2⁰ W *B: N 48⁰ E*

C: S 37⁰ W *C: S 48,3⁰ W*

Resolución:

Este ejercicio es la base para calcular los determinantes del astro, aunque en este caso nos piden, únicamente, el azimut verdadero. Para ello debemos aplicar la fórmula de la Cotg Z, que se ha practicado en el capítulo I, pero en este caso, antes debemos averiguar la declinación y el ángulo en el polo.

Como se trata de un astro diferente de los que se publican las efemérides para cada día del año, debemos apoyarnos con los datos del punto Aries.

Localizamos el horario de Aries en Greenwich para la TU del enunciado.

$$h \Upsilon G\ (TU{:}4h) = 291^{0}\ 51{,}1'$$

Seguidamente, debemos corregir dicho horario con los minutos de la TU del anunciado

Cmmss(13m 2s) = 3^0 16’

Obtenemos horario del punto de Aries en Greenwich corregido:

h♈Gc = 295^0 7,1’

Sumamos el ángulo sidéreo de Rigel correspondiente al mes de mayo obteniendo el horario del astro en Greenwich (h*G):

+ A.S. = 281^0 9,2’

h*G = 576^0 16,3’

Antes de corregir dicho arco, restamos nuestra longitud para obtener el horario del astro en el lugar h*l:

- L = 058^0 09,2’

h*l = 518^0 7,1’

Corregimos el valor restando 360^0:

h*l = 518^0 7,1 – 360^0 = 158^0 7,1’ = ^P

Localizamos la declinación de Rigel para el mes de mayo:

$$\delta = -8^0\ 11{,}1' = 8^0\ 11{,}1'\ S$$

Ya disponemos de todos los datos para aplicar la fórmula correspondiente. Hay que tener en cuenta que declinación y latitud son de diferente especie, de modo que multiplicamos el primer componente por -1.

$$Ctg\ Z = -1\ x\ \frac{tg\ 8^0 11{,}1' x \cos 40^0 14{,}2'}{sen\ 158^0 7{,}1'} - \frac{sen\ 40^0 14{,}2'}{tg\ 158^0 7{,}1'}$$

$$Z = 37{,}2^0$$

Como el valor que devuelve esta fórmula es cuadrantal, colocamos los correspondientes componentes.

El valor resultante es positivo, de modo que el componente N/S es N.

El ángulo en el polo es occidental, de modo que el componente E/W es W.

$$Zc = N\ 37{,}2^0\ W$$

La respuesta correcta es la **A: N 37,2^0 W**

3.7. El día 27 de junio de 2020, en situación estimada l = 31⁰ 16,6' N y L = 011⁰ 58,8' W, a HCG 19h 40m, observamos la estrella Vega con ai = 26⁰ 26,3' siendo la ci = - 4' y la elevación del observador 6 metros. Calcular el azimut cuadrantal de Vega.

A: Zc = N 59⁰ E *B: Zc = N 59⁰ W*

C: Zc = S 59⁰ E *D: Zc = S 59⁰ W*

Resolución:

Para resolver este ejercicio debemos acudir al almanaque náutico para localizar el horario y la declinación de la estrella Vega en la fecha y hora del enunciado, pero para nada necesitamos la altura, de modo que no será necesario corregir la altura instrumental para averiguar la altura verdadera.

Para averiguar el horario de Vega debemos localizar el horario del punto de Aries para la HcG dada, es decir, h♈G:

h♈G (TU:19H) = 202⁰ 19,7'

Seguidamente, debemos corregir dicho horario con los minutos de la HcG del anunciado:

Cmmss = 10⁰ 1,6'

Obtenemos horario del punto de Aries en Greenwich corregido:

$$h♈Gc = 212^0\ 21{,}3'$$

Sumamos el ángulo sidéreo de Vega correspondiente al mes de junio obteniendo el horario del astro en Greenwich (h*G):

$$+ A.S. = 80^0\ 35{,}3'$$

$$h^*G = 292^0\ 56{,}6'$$

Finalmente, restamos la longitud (ya que la posición del buque es al oeste de Greenwich) para obtener el horario del astro en el lugar (h*l):

$$- 11^0\ 58{,}8'$$

$$H^*l = 280^0\ 57{,}8'$$

Como el valor es superior a 180⁰, el ángulo en el polo será oriental:

$$\hat{}Pe = 360^0 - 280^0\ 57{,}8' = 79^0\ 2{,}2'$$

Para aplicar la fórmula de cálculo del azimut del astro necesitamos la declinación, dato que obtenemos del almanaque náutico:

$$\delta = 38^0\ 48{,}1'$$

Finalmente calculamos la fórmula correspondiente

$$Ctg\ Z = \frac{tg\ 38^0 48{,}1'\ x \cos 31^0 16{,}6'}{sen\ 79^0 2{,}2'} - \frac{sen\ 31^0 16{,}6'}{tg\ 79^0 2{,}2'}$$

Z = 59^0 3,7'

Colocamos los valores cuadrantales:

- Como el valor es positivo, el valor N/S será de la misma especie que la latitud, es decir, N.
- Como el ángulo en el polo es oriental, el valor E/W será E.
-

Zc = N 59^0 E

La respuesta correcta es la **A: Zc = N 59^0 E**

3.8. El 22 de abril 2021, encontrándonos en situación estimada latitud l = 15^0 26' S y longitud L = 150^0 19,5' W. Calcular la altura estimada del Sol al paso por el meridiano superior del lugar.

A: ae = 87^0 04,4' B: ae = 62^0 13,6'

C: ae = 62^0 03,6' D: ae = 86^0 55,9'

Resolución:

Este ejercicio requiere cierta reflexión antes de plantear el camino a seguir para su rápida resolución.

Sabemos que para aplicar la fórmula para calcular la altura estimada necesitamos la declinación y el ángulo en el polo, además de la latitud que indica el enunciado.

Para averiguar la declinación del astro, necesitamos acceder a la página del almanaque náutico con TU, dato que tenemos que averiguar.

Por otro lado, tenemos la hora de paso del Sol por el meridiano superior de lugar, ya que coincide con PMG, y que podemos obtener en el almanaque náutico. Con ese dato y la longitud pasada a tiempo, podremos obtener TU.

El otro dato que necesitamos es el ángulo en el polo, que por definición, cuando el astro pasa por la meridiana, es 0.

Localizamos y calculamos los datos necesarios:

Hcl = PMG = 11h 58,5m

Lt = 150^0 19,5' / 15 = 10h 1,3m

TU = Hcl + Lt = 21h 59m 48s

$\delta = 12^0\ 30{,}4'$

Aplicamos la fórmula de cálculo de la altura estimada

$$sen\ ae = sen\ 15^0\ 26' x\ \text{sen}\ 12^0\ 30{,}4' + \cos 15^0\ 26' x \cos 12^0\ 30{,}4' x \cos 0$$

ae = 62^0 3,6'

La repuesta correcta es la **C: ae = 62^0 03,6'**

Capítulo 4

Rectas de altura

Recta de altura:

- **Sol y estrellas. Sus determinantes.**

- **Casos particulares de la recta de altura.**
    - **Latitud por altura meridiana de Sol.**
    - **Latitud por altura de la estrella Polar.**

Introducción

Los ejercicios correspondientes a este capítulo son una continuación de los desarrollados en el capítulo 1, de modo que es necesario conocer a la perfección la resolución del triángulo de posición planteada en dicho capítulo.

Los cálculos de los determinantes del astro se basan en la resolución de dicho triángulo, así como del cálculo de la altura verdadera dada una altura instrumental.

Además, aparecen otro tipo de casos especiales donde no se aplican dichas fórmulas, sino simplificaciones de éstas o fórmulas específicas. Nos referimos al caso especial de la observación del astro cuando pasa por el meridiano superior de lugar, en especial el Sol.

Finalmente, veremos ejercicios dónde, hallada la altura verdadera de la estrella Polar, calcularemos la latitud correspondiente a la posición de la observación simplemente aplicando unas correcciones extraídas de las correspondientes tablas del almanaque náutico.

Fórmulas de referencia:

$$sen\ ae = Sen\ l\ x\ \mathrm{sen}\,\delta + \cos l\ \ x \cos\delta\, x\ \cos\ {}^{\wedge}P$$

$$Ctg\ Z = \frac{tg\ \delta\ \ cos\ l}{sin\ {}^{\wedge}P} - \frac{sin\ l}{tg\ {}^{\wedge}P}$$

lo = $\delta\ \pm Z$ Z = 90 - av

Definiciones:

- ae. Altura estimada.
- av. Altura verdadera.
- l. Latitud.
- lo. Latitud observada.
- δ. Declinación.
- ^P. Ángulo en el polo.
- Z. Distancia Cenital.

Abreviaturas:

- ai = altura instrumental.
- ei = error de índice.
- cd = corrección por depresión del horizonte.
- cr = corrección por refracción.
- ca = corrección adicional (solo para el Sol).

Ejercicios

4.1. El 16 de enero de 2020 estando en L= 012^0 00' W se observa cara al sur la altura meridiana del Sol tomando en este momento ai del Sol limbo inferior = 33^0 50', error de índice= 5' (-), elevación del observador= 2,1 metros. ¿Cuál es la latitud observada?

A: lo= 35^0 04,1' S *B: lo= 35^0 04,2' N*

C: lo= 76^0 55,4' N *D: lo= 76^0 55,4' S*

Resolución:

Para resolver este ejercicio aplicaremos la fórmula que relaciona la latitud con la altura observada y la declinación del Sol.

Dicha fórmula requiere el conocimiento de la declinación del astro, dato que averiguaremos en el almanaque náutico, así como la distancia cenital, dato que debemos calcular a partir de la altura verdadera proporcionada, que a la vez debemos calcular a partir de los datos del enunciado.

Empezaremos por averiguar la altura verdadera, que proviene de la observación del Sol mediante la técnica de sextante denominada altura instrumental (ai), a la que a continuación aplicaremos las correcciones correspondientes.

ai =	33^0 50,0'
ei =	-5,0'
cd (2,1m) =	-2,6'
cr =	14,7'
ca =	0,3'
av =	33^0 57,4'

$$Z = 90 - av \Rightarrow Z = 56^0\ 2{,}6'$$

Para conocer la declinación del Sol, antes debemos obtener TU en el momento del paso del Sol por el meridiano superior del lugar. Para ello, primero debemos conocer Hcl, dato que se obtiene en el almanaque náutico en la página correspondiente a la fecha de la toma de la observación.

PMG = 12h 09,6m; Hclms = 12h 9,6m

Para obtener TU, dato que necesitamos para conocer la declinación, sumamos nuestra longitud pasada a tiempo:

$$TU = 12h\ 9{,}6m + (012^0\ 00' / 15) = 12h\ 57{,}6m$$

Buscamos el valor de la declinación para las 12h y las 13h:

12h = -20^0 58,9'
13h = -20^0 58,4'
Dif. = - 0,5'

Ajustamos el valor a la hora de nuestra observación mediante una sencilla regla de tres:

$$-0{,}5 / 60 \times 57{,}6 = -0{,}48$$

$$\delta = -20^0\ 58{,}9' - 0{,}48' = -20^0\ 58{,}4'$$ [4]

$$lo = -20^0\ 58{,}4' + 56^0\ 2{,}6' = 35^0\ 4{,}2'$$

La respuesta correcta es la **B: lo= 35^0 04,2' N**

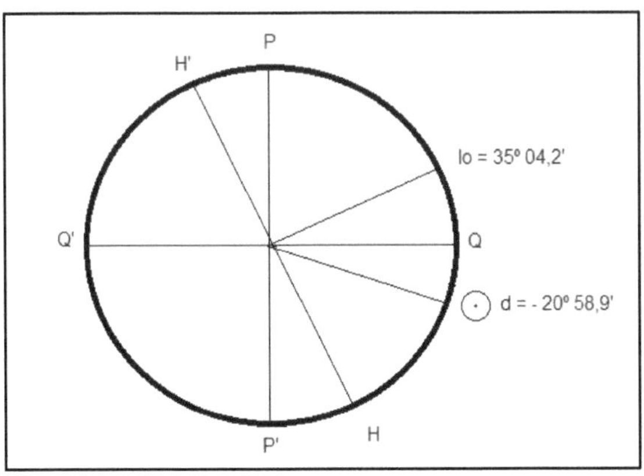

[4] Redondeamos la declinación a un solo decimal.

4.2. *El 12 de julio de 2020 situados en el meridiano 030º 00' W, en el momento del paso del Sol por el meridiano superior del lugar se obtiene, cara al sur, la altura instrumental del limbo inferior del Sol (ai) = 63º 27' con un error de índice (ei) = 1' (-) y una elevación del observador (E) = 22 m. Calcular la latitud observada (lo).*

A: lo = 04º – 36,2' N *B: lo = 04º – 36,2' S*

C: lo = 48º – 17,7' S *D: lo = 48º – 17,7' N*

Resolución:

Este ejercicio es prácticamente igual al ejercicio anterior, de modo que se realizarán los comentarios mínimos.

Calculamos la altura verdadera del astro y la distancia cenital, Z.

ai =	63º 27,0'
ei =	-1,0'
cd (22) =	-8,3'
cr =	15,6'
ca =	- 0,2'
av =	63º 33,1

$$Z = 90 - av \Rightarrow Z = 26^0\, 26{,}9'$$

Obtenemos Hcl en el momento del paso del Sol por el meridiano superior del lugar y posteriormente calculamos TU para conocer la Declinación del astro:

$$Hcl = PMG = 12h\ 5{,}7m$$

$$TU = 12h\ 5{,}7m + (030^0\ 00' / 15) = 14h\ 5{,}7m$$

Buscamos el valor de la declinación para las 14h y las 15h

$$12h = 21^0\ 50{,}8'$$
$$13h = 21^0\ 50{,}5'$$
$$Dif. = \quad -0{,}3'$$

$$-0{,}3 / 60 \times 5{,}7 = -0{,}0285$$ [5]

$$\delta = 21^0\ 50{,}8'$$

$$lo = 21^0\ 50{,}8 + 26^0\ 26{,}9' = 48^0\ 17{,}7'$$

La respuesta correcta es la **D: lo = 48^0 17,7' N**

[5] No afecta al valor de la declinación de las 12h

4.3. El día 12 de agosto de 2020 en situación de estima le = 30⁰ 10,5' N y Le = 020⁰ 03,2' E, se observa la estrella Polar con una altura verdadera (av) = 35⁰ 20,7' y con un azimut de aguja = 002,5⁰ siendo la hora civil en Greenwich (HcG) = 23h 23m 23s. Calcular la latitud observada (lo) y la corrección total (Ct).

A: lo = 35^0 38,9' N / Ct = $3,0^0$ (+)

B: lo = 35^0 06,4' N / Ct = $1,8^0$ (-)

C: lo = 34^0 36,6' N / Ct = $3,3^0$ (-)

D: lo = 35^0 38,9' N / Ct = $2,7^0$ (+)

Resolución:

Este ejercicio responde a otro de los métodos de hallar la latitud por medición de la altura de un astro, en este caso, de la estrella Polar. Además, pide la resolución de un ejercicio que corresponde al capítulo 6, de modo que lo introduciremos brevemente.

Como el dato de la altura de la estrella Polar es verdadero, es decir, ya se han aplicado las correspondientes correcciones a la lectura instrumental, trabajamos directamente con ese dato.

El cálculo de la latitud por altura de la estrella Polar consiste en la aplicación de 3 correcciones a dicha altura, correcciones que encontramos en las páginas 382 a 384 del almanaque náutico, y para las cuales necesitaremos, entre otros datos, el horario de Aries en el lugar (h ♈ l).

Para obtener este dato debemos averiguar el horario de Aries en Greenwich (h ♈ G) para la TU del enunciado, que seguidamente corregiremos con los minutos y segundos mediante las correspondientes tablas del almanaque náutico:

h ♈ G (TU:23h)	=	306^0 50.8'
Cmmss	=	5^0 51,7'
h ♈ Gc	=	312^0 42,5'
+ L	=	023^0 03,2'
h ♈ l	=	335^0 45,7'

Con este dato procedemos a buscar la corrección de la tabla I, en la cual aparecen los siguientes datos:

335^0 30'	– 14,1'
336^0 00'	– 14,4'
Diferencia	+ 0,3'

Ajustamos el valor a los minutos y decimales de minuto:

$$-0,3 / 30 \times 45,7 = -0,139 = -0,1$$

$$C1 = -14,2$$

Para la segunda corrección, acudimos a la tabla II con h♈I y la altura observada:

$$C2 = 0,1$$

Para obtener la tercera corrección acudimos a la tabla III y tomamos el dato de la columna del mes de agosto, por mayor proximidad, tomaremos el valor de h♈I = 340^0

$$C3 = -0,2$$

Finalmente resolvemos:

av	=	35^0	20,7’
+ C1	=		-14,2’
+ C2	=		0,1’
+ C3	=		- 0,2’
lo	=	35^0	6,4’

Para resolver la segunda parte del ejercicio tenemos que acudir a la tabla de azimutes de la Polar de la página 385 y buscar el dato para la h♈l y la latitud que acabamos de calcular

Obtenemos Zv = +0,7^0

A continuación, aplicamos la fórmula de cálculo de la corrección total.

Ct = Zv – Za = 0,7^0 – 2,5^0 = -1,8^0 [6]

La respuesta correcta es la **B: lo = 35^0 06,4' N / Ct = 1,8^0 (-)**

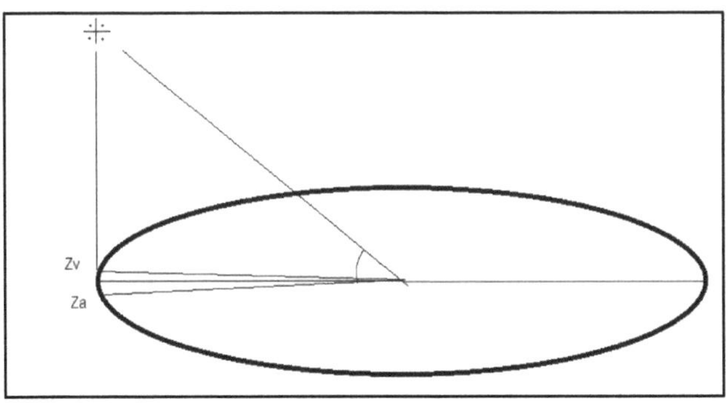

[6] Analizaremos más detalladamente este cálculo en los ejercicios correspondientes del capítulo 6.

4.4. A las 10 h 01m 48 s UT del 15 de junio de 2020, desde un lugar de longitud 112⁰ 12' W se observa la Polar con altura instrumental = 31⁰ 31,1'. Corrección de índice = 0', elevación = 3 m. Calcular la latitud observada.

A: lo = 31⁰ 26,4' N *B: lo = 31⁰ 34,2' N*

C: lo = 31⁰ 43,5' N *D: lo = 31⁰ 51,3' N*

Resolución:

Se trata de un ejercicio muy similar al anterior, en el que antes debemos calcular la altura verdadera de la Polar aplicando las correspondientes correcciones.

Al tratarse de un astro diferente al Sol, las correcciones a aplicar son: el error de índice (ei) la corrección por depresión del horizonte (cd, tabla A) y la corrección por refracción (cr, tabla C).

ai =	31⁰ 31,1'
ei =	0,0'
cd (3) =	- 3,1'
cr =	- 1,7'
av =	31⁰ 26,3'

Calculamos h♈l

hG♈ (TU:10h)	=	54^0 08,7'
Cmmss (1m 48s)	=	0^0 27,1'
hG♈c	=	54^0 35,8'
- L	=	112^0 12,0'
h♈l	=	-57^0 36,2'
h♈l + 360^0	=	302^0 23,8'

Buscamos y aplicamos las correspondientes correcciones:

302^0 00'	8,4
302^0 30'	8,0

Diferencia - 0,4; - 0,4 / 30 x 23,8 = - 0,3; C1 = 8,4 – 0,3 = 8,1'

C1 = 8,1'
C2 = 0,1'
C3 = - 0,3'
7,9'

lo = 31^0 26,3' + 7,9' = 31^0 34,2'

La respuesta correcta es la **B: lo = 31^0 34,2' N**

4.5. El 17 de julio del 2020, en le = 45⁰ N y Le = 035⁰ W siendo TU= 20:35:00 se toma ai estrella Polar = 44⁰ 00', error de índice= 2,5' (+); elevación del observador = 5 metros. Se pide el cálculo de la latitud observada por la Polar.

A: lo = 44⁰ 30,0' N *B: lo = 44⁰ 42,2' N*

C: lo = 44⁰ 35,7' N *D: lo = 44⁰ 45,0' N*

Resolución:

Este ejercicio es prácticamente igual a ejercicios anteriores, de modo que nos limitaremos a indicar cada uno de los pasos sin profundizar en ellos.

Aplicamos las correcciones para hallar la altura verdadera (av)

ai =	44⁰ 00'
ei =	2,5’
cd (5m) =	- 4,0’
cr =	- 1,0’
av =	43⁰ 57,5’

Localizamos el horario de Aries en Greenwich para TU

hG♈ (TU:20h)	=	236^0 05,8'
Cmmss (35m)	=	8^0 46,4'
hG♈c	=	244^0 52,2'
- L	=	35^0 0,0'
h♈l	=	209^0 52,2'

Aplicamos las correspondientes correcciones:

C1 = + 37,8'

C2 = + 0,0'

C3 = + 0,4

lo = av + C1 + C2 + C3 = 44^0 35,7'

La respuesta correcta es la **C: lo = 44^0 35,7'N**

4.6. El 5 de marzo de 2020 a TU 10:43:12 estando en situación de estima le= 70^0 56,2 S y Le=054^0 25,6' W, navegando al Rv = 283^0 y velocidad buque = 20 nudos, tomamos altura verdadera del Sol = 09^0 48,7'. Calcular el determinante de esta recta de altura (dif. de alturas y azimut verdadero).

A: Zv = 085^0 dif. alt. = 2,7' (+) *B: Zv = 079^0 dif. alt. = 2,7' (-)*

C: Zv = 099^0 dif. alt. = 3,5' (+) *D: Zv = 099^0 dif. alt.= 2,7' (-)*

Resolución:

Para resolver este ejercicio necesitamos aplicar las fórmulas utilizadas en el capítulo 1, y aplicar una simple resta a la altura estimada que hallaremos respecto a la altura verdadera que aparece en el enunciado.

Sabemos que para aplicar dichas fórmulas necesitamos los siguientes datos: latitud estimada (l), declinación del astro (δ) y ángulo en el polo (^P). Para ello necesitaremos acudir al almanaque náutico, concretamente a la página correspondiente a la fecha del enunciado.

El horario del Sol a la hora TU: 10h

hʘG= 327^0 08,9’

Corregimos dicho horario con los minutos y segundos que dicta el enunciado:

Cmmss = 10^0 48,0'

---

h⊙Gc = 337^0 56,9'

Para calcular h⊙l restamos nuestra longitud:

\- L = 054^0 25,6'

---

h⊙l = 283^0 31,3'

Como h⊙l > 180^0, restamos este valor de 360^0, lo que nos dará un ángulo en el polo oriental:

^P = 360^0 - 283^0 31,3' = 76^0 28,7'

Para obtener la declinación del Sol, obtenemos dicho valor para los valores para las 10h y las 11h:

10h = -5^0 47,7'

11h = -5^0 46,7'

Dif. = - 1,0'

Ajustamos a los minutos y decimas de minuto:

-1' / 60 x 43,2 = - 0,72

δ = -5^0 47,7' – 0,72' = -5^0 47'

Llegados a este punto ya disponemos de todos los datos para aplicar las fórmulas de resolución del triángulo de posición.

$$sen\ ae = sen\ 70^0\ 56{,}2' x\ \mathrm{sen}\ 5^0\ 47' + \cos 70^0\ 56{,}2'\ x \cos 5^0\ 47' x\ \cos\ 76^0\ 28{,}7'$$

ae = 9^0 51,5'

Dif. Alt = 9^0 48,7'- 9^0 51,5'= -2,7'

Para hallar Zv aplicamos la fórmula correspondiente:

$$Ctg\ Z = \frac{tg\ 5^0\ 47'\ x\ \ cos\ 70^0\ 56{,}2'}{sin\ 76^0\ 28{,}7'} - \frac{sin\ 70^0\ 56{,}2'}{tg\ 76^0\ 28{,}7'}$$

Z = - 79^0 3,7', redondeando Z = - 79^0

Ya sabemos que este valor es cuadrantal. Al ser el resultado negativo, el componente N/S será el contrario de la latitud estimada, por lo tanto N. Al ser el ángulo en el polo oriental, el valor E/W será E

Por lo tanto, Zv = N 79 E => 79^0

La respuesta correcta es la **B: Zv= 079^0 dif. alt. = 2,7' (-)**

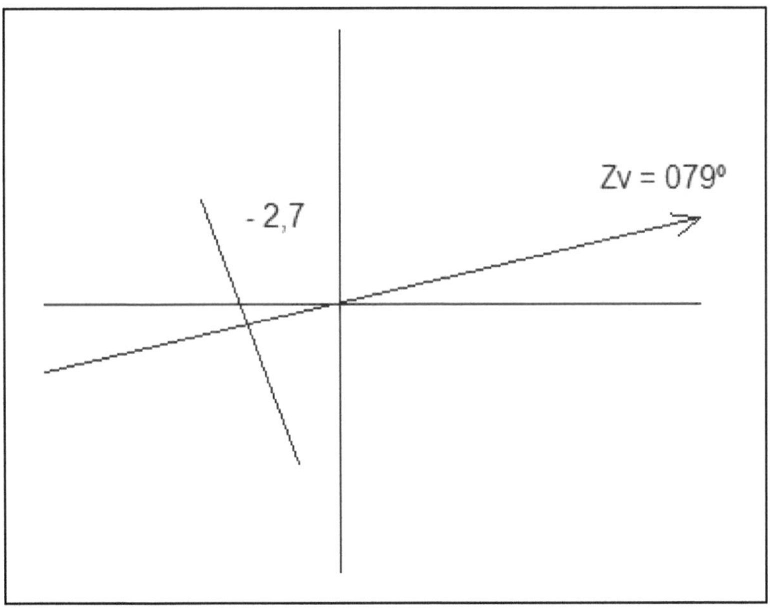

4.7. Calcular los determinantes de una recta de altura al Sol de un yate que se encuentra en situación de estima l = 22⁰ 05' S y L= 062⁰ 49' E, si al ser TU 04:00:00 del día 21 de septiembre de 2020 se observa una ai Sol limbo inferior = 31⁰ 30' siendo la elevación del observador de 15 metros y el error de índice de 2' (-).

A: Zv = N 75⁰ W dif. alt = 7' (+)

B: Zv = N 75⁰ E dif. Alt = 7,1' (+)

C: Zv = S 73⁰ E dif alt = 7' (-)

D: Zv= N 75⁰ E dif alt = 7,1' (-)

Resolución:

Calculamos la altura verdadera:

ai =	31⁰ 30'
ei =	- 2,0'
cd (15m) =	- 6,9'
cr =	+14,5'
ca =	- 0,1'
av =	31⁰ 35,5'

Buscamos la declinación para la TU dada:

$$\delta = 0^0\ 32{,}6'$$

Buscamos el horario del Sol en Greenwich:

$$h\odot G = 241^0\ 44{,}8'$$

Para calcular h⊙l sumamos nuestra longitud (ya que se encuentra al este de Greenwich):

$$+\ L = 062^0\ 49'$$

$$\overline{}$$

$$h\odot l = 304^0\ 33{,}8'$$

Como el valor es mayor que 180^0 restamos de 360^0 para obtener el ángulo en el polo.

$$\hat{}Pe = 360^0 - 304^0\ 33{,}8' = 55^0\ 26{,}2'$$

Ya disponemos de todos los datos para calcular la altura estimada y el azimut del astro.

Debemos multiplicar el primer sumando por -1, dado que latitud y declinación son de diferente especie.

$$sen\ ae = -1\ x\ sen\ 22^0\ 5'\ x\ \text{sen}\ 0^0\ 32{,}6' + \cos 22^0\ 5'\ x \cos 0^0\ 32{,}6'\ x\ \cos\ 55^0\ 26{,}2'$$

ae = 31^0 28,4'

Δa = 31^0 35,5' - 31^0 28,4' = 7,1'

$$Ctg\ Z = -1\ x\ \frac{tg\ 0^0\ 32{,}6'\ x\ cos\ 22^0\ 5'}{sin\ 55^0\ 26{,}2'} - \frac{sin\ 22^0\ 5'}{tg\ 55^0\ 26{,}2'}$$

Z = - 74^0 54,5'

En formato cuadrantal y redondeando:

Zc = N 75^0 E

Los valores cuadrantales son N, ya que el resultado es negativo, y por lo tanto de diferente especie que la latitud estimada, y E, porque hOl es mayor que 180^0 y, por lo tanto ^P oriental.

La respuesta correcta es la **B: Zv = N 75^0 E, dif. alt= 7,1' (+)**

4.8. El 1 de noviembre de 2020, a las 04 h 22 m 00 s UT, observamos el paso del Sol por el meridiano superior del lugar con altura verdadera 69⁰ 11,3' y azimut norte. Calcular la latitud observada.

A: lo = 35^0 22,4' S *B: lo = 00^0 58,2' S*

C: lo = 42^0 35,6' N *D: lo = 47^0 24,4' N*

Resolución:

Para aplicar la fórmula que relaciona la latitud con la altura del Sol cuando pasa por el meridiano superior del lugar debemos acudir al almanaque náutico para obtener el dato que nos falta, la declinación del astro en el momento del paso del astro por la meridiana.

Como el enunciado nos indica TU, no necesitamos conocer PMG ni la longitud de nuestra situación, datos que nos harían falta para llegar a ese valor. Simplemente acudimos a la tabla correspondiente y averiguamos el dato para ese TU

04h = - 14^0 33,4’

05h = - 14^0 34,2’

Dif. = - 0,8’

Ajustamos el valor de la declinación a la diferencia por los minutos que han pasado desde la hora entera:

$$- 0{,}8' / 60 \times 22 = - 0{,}29' = - 0{,}3'$$

$$\delta = - 14^0\ 33{,}4' – 0{,}3' = - 14^0\ 33{,}7'$$

Calculamos Z:

$$Z = 90 – 69^0 11{,}3' = 20^0\ 48{,}7'$$

$$lo = - 14^0\ 33{,}37' - 20^0\ 48{,}7' = - 35^0\ 22{,}4' = 35^0\ 22{,}4'\ S$$

La respuesta correcta es la ***A: lo = 35⁰ 22,4' S***

4.9. El día 12 de febrero de 2020, a TU: 01h 20m 00s encontrándonos en situación de estima l = 34⁰ 54' N y L = 023⁰ 18' W, se observa la estrella Polar con una altura verdadera de 35⁰ 19,1'.

Calcular la latitud observada por la Polar.

A: lo = 34⁰ 56' N	*B: lo = 35⁰ 20' N*
C: lo = 35⁰ 20' N	*D: lo = 35⁰ 22' N*

Resolución:

Este ejercicio consiste en calcular la latitud del barco a través de la medición de la altura de la estrella Polar.

Como el enunciado indica la altura verdadera (av) del astro, no necesitamos aplicar las correcciones a la observación.

Procedemos, por lo tanto, a calcular el horario de Aries en el lugar, dato que nos hará falta para localizar cada una de las tres correcciones a aplicar a la altura verdadera (av), para obtener la latitud observada (lo).

hG♈ (TU:01h)	=	156⁰ 33,4'
Cmmss (20m)	=	5⁰ 0,8'
hG♈c	=	161⁰ 34,2'

$$-L = 23^0\ 18{,}0'$$

$$h♈l = 138^0\ 16{,}2'$$

$$C1 = 138^0\ 00' = +2{,}5$$

$$138^0\ 30' = +2{,}8$$

$$\text{Dif.} = +0{,}3$$

$$C1 = +2{,}5 + (0{,}3 / 30 \times 16{,}2) = 2{,}66' = 2{,}7'$$

$$C2 = +0{,}2'$$

$$C3 = 0{,}0'$$

$$lo = 35^0\ 19{,}1' + 2{,}7 + 0{,}2 = 35^0\ 22'$$

La respuesta correcta es la **D: lo = 35⁰ 22' N**

4.10. El 10 de octubre de 2020, a UT 05 h 39 m 29 s se observa el limbo inferior del Sol con altura instrumental 55⁰ 12,1'. Corrección de índice = 0,6' a la derecha del 0⁰ del limbo, elevación = 4 m. Situación estimada 23⁰ 36' S, 123⁰ 36' E. Calcular el azimut náutico al medio grado y la diferencia de alturas.

A: Zn = 298⁰, dif.alt = -13,6' *B: Zn = 296⁰, dif.alt = +14,5'*

C: Zn = 294⁰, dif.alt = +11,2' *D: Zn = 291⁰, dif.alt = +13,6'*

Resolución:

Para resolver este ejercicio procedemos a aplicar las correspondientes correcciones a la altura instrumental para hallar la altura verdadera del astro. Seguidamente debemos obtener el ángulo en el polo (^P) y la declinación del astro (δ) para resolver el triángulo de posición.

ai =	55⁰ 12,1'
ei =	0,6'
cd (4) =	-3,6'
cr =	15,4'
ca =	0,0'
av =	55⁰ 24,5'

Averiguamos el horario del Sol en TU = 5h 39m 29s

HʘG = 258^0 16,0'
Cmmss = 9^0 52,3'

HʘGc = 268^0 8,3'
+ L = 123^0 36,0'

HʘI = 391^0 44,3'
^P = 31^0 44,3'

Calculamos la declinación del astro:

TU: 5h - 6^0 48,7'
TU: 6h - 6^0 49,6'
Diferencia = 0,9'

Declinación 5h 39m 39s

6^0 48,7' + 0,9' / 60 x 39,5 = 6^0 49,3'

Resolvemos:

$$sen\ ae = sen\ 23^0 36' x\ sen\ 6^0 49{,}3 + cos\ 23^0 36' cos\ 6^0 49{,}3 \cos 31^0 44{,}3'$$

$$ae = 55^0\ 13{,}34'$$

$$Dif\ Alt. = 55^0\ 24{,}5 - 55^0\ 13{,}3' = 11{,}2'$$

$$cotg\ Z = \frac{tg\ 6^0 49{,}3' x \cos 23^0 36'}{sen\ 31^0 44{,}3'} - \frac{sen\ 23^0 36'}{tg\ 31^0 44{,}3'}$$

$$Z = -\ 66^0\ 18{,}3' = N\ 66{,}18\ W = 294^0$$

La respuesta correcta es la **C: Zn = 294^0, dif.alt = +11,2'**

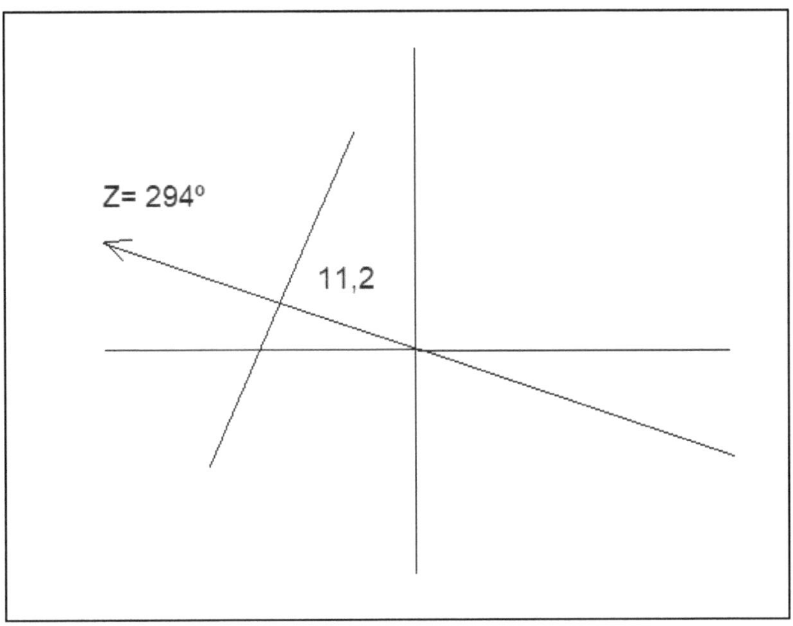

Capítulo 5

Situación por rectas de altura

Situación por rectas de altura:

- **Sol y estrellas.**
  - **Situación por dos rectas de alturas simultáneas.**
  - **Situación por dos rectas de altura no simultáneas, calculando sus determinantes con la situación de estima correspondiente a la hora de cada observación.**
  - **Calcular el intervalo hasta el paso del Sol y estrellas por el meridiano superior del lugar del buque en movimiento.**

Introducción

Este capítulo engloba todo lo aprendido en los capítulos anteriores, de modo que, antes de entrar a resolver los ejercicios planteados en este, es conveniente dominar lo aprendido hasta ahora. En este tipo de ejercicios, tras aplicar los conocimientos desarrollados en los ejercicios de resolución del triángulo de posición, medida del tiempo, uso del almanaque náutico, cálculo de los determinantes de los astros, se va a continuar con la resolución gráfica para hallar la posición del barco.

Por otro lado, se introducen nuevas técnicas como la calcular el intervalo hasta el paso del Sol por el meridiano superior del lugar, en cuyo momento la observación de la altura del Sol nos da directamente, con una fórmula muy sencilla, la latitud observada en ese momento, simplificando la resolución del cálculo de la posición de la embarcación.

Fórmulas de referencia (además de las fórmulas correspondientes a los capítulos anteriores)

$$\Delta L = \frac{Vb\,sen\,Rv}{\cos l}$$

$$Int. = \frac{{}^{\wedge}P\,x\,60}{900 \pm \Delta L}$$

Ejercicios

5.1. Al encontrarnos en situación estimada le = 32⁰ 32,0' S y Le = 134⁰ 34,0' E, observamos simultáneamente dos estrellas. Con las alturas observadas y la situación anterior, obtenemos Z = 034⁰, dif. alt. = – 6,1', para la primera estrella, y Z = 288⁰, dif. alt. = +3,7', para la segunda. Calcular la situación a la hora de la observación.

A: 34^0 23,8' S, 134^0 32,5' E *B: 34^0 28,1' S, 134^0 40,1' E*

C: 34^0 35,9' S, 134^0 27,9' E *D: 34^0 40,2' S, 134^0 35,5' E*

Resolución:

Este ejercicio se resuelve completamente de forma gráfica, ya que, en el enunciado, se indican los determinantes de ambos astros y no hace falta realizar ningún calculo, salvo sumar o restar los datos obtenidos gráficamente a la situación estimada inicial para, finalmente, obtener la posición observada.

Resolución gráfica (Figura 1):

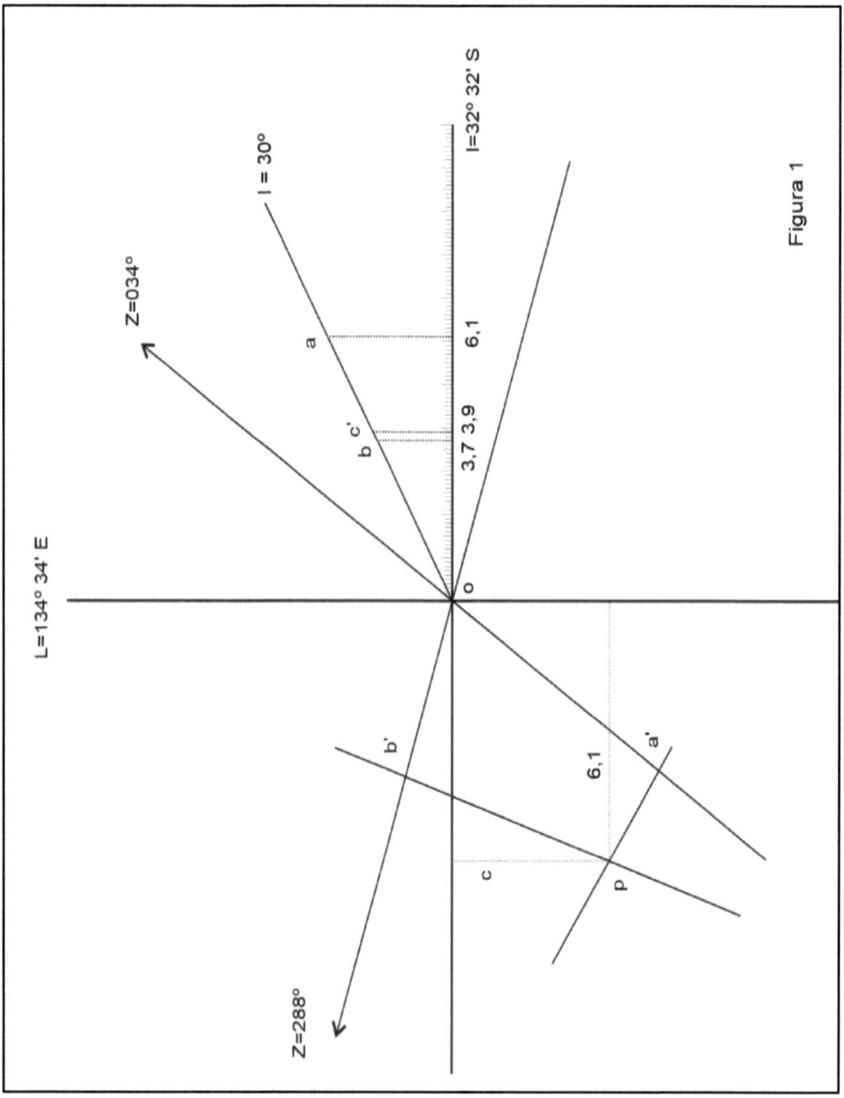

Figura 1

Sobre lo que denominamos carta en blanco, dibujamos una cruz que representa la posición estimada, cuyos valores centrales son la latitud y la longitud estimadas. La recta horizontal representa la latitud y la línea vertical representa la longitud. Indicamos dichos valores en los extremos de las líneas que forman la cruz.

Trazamos una línea desde el centro de la cruz y con ángulo respecto a la línea horizontal aproximadamente igual a la latitud estimada, este caso el ángulo son 30^0, y a la que llamaremos línea de medición de latitud para referirnos a esta. Dichas líneas se utilizarán para tomar las mediciones, y en el caso de que alguna de las líneas de azimut coincida con la línea de latitud, las dibujaremos aparte de la carta en blanco.

Trazamos una línea con ángulo respecto a la línea vertical, igual al primer azimut y pasando por el centro de la cruz de posición (punto o) ($Z=34^0$).

Trazamos otra línea con ángulo igual al segundo azimut y pasando por el centro de la cruz de posición ($Z=288^0$).

Medimos sobre la línea horizontal derecha el valor correspondiente a la primera diferencia de alturas (-6,1'), obviando de momento el signo, y trazamos una línea perpendicular hasta la línea de medición de latitud, en cuya intersección nos dará el punto a.

Medimos sobre la misma línea horizontal el valor correspondiente a la segunda diferencia de alturas (3,7') y trazamos una línea perpendicular hasta la línea de medición de latitud, en cuya intersección nos dará el punto b.

Trasladamos sobre la línea del primer azimut la distancia desde el centro de la cruz de posición (punto o) hasta el punto a, pero como el valor de la diferencia de alturas es negativo (-6,1'), lo medimos en el sentido contrario del valor del azimut. Sobre este punto (a') trazamos una línea perpendicular a la línea de azimut.

Trasladamos sobre la línea del segundo azimut la distancia que va desde el punto o hasta el punto b, y sobre este punto (b') trazamos una línea perpendicular a la línea de azimut.

La intersección de ambas perpendiculares da lugar al punto de posición observada p.

Para averiguar los valores de la posición observada, debemos medir la distancia entre el punto p hasta las líneas horizontal y vertical correspondientes a la posición estimada inicial.

La distancia desde el punto p, medida horizontalmente, hasta la línea vertical de posición, corresponde a la diferencia entre la longitud estimada y la longitud observada.

Como el valor de la longitud observada está más a la izquierda que el valor de la longitud estimada, y como el valor de la longitud estimada es de componente E, debemos restar dicho valor al valor inicial. “La posición observada esta menos al este que la posición estimada”. En este caso la distancia es de 6,1 millas.

Lo = 134° 34,0' – 6,1’ = 134° 27,9' E

La distancia desde el punto p hasta la línea horizontal de la cruz correspondiente a la posición estimada inicial, medida verticalmente, la debemos medir sobre la línea de medición de latitud. Dicha distancia nos lleva al punto c’.

Trasladamos c’, verticalmente, a la línea horizontal, y medimos sobre esta la distancia, que en este caso da una lectura de 3,9’

Como la latitud estimada es de componente sur, y el punto p está por debajo de la línea de posición estimada, sumamos dicha diferencia a la latitud estimada inicial. “la latitud observada está más al sur que la posición estimada”

lo = 32^0 32,0' + 3,9’ = 32^0 35,9' S

Respuesta correcta: **C: 32^0 35,9' S, 134^0 27,9' E**

Nota:

En algunos manuales utilizan en un dibujo separado las líneas de medición para no entorpecer los trazos de la carta en blanco.

Si el estudiante se decide por esta opción, el ejercicio no implica ningún cambio, salvo que las mediciones se realizan sobre este segundo dibujo.

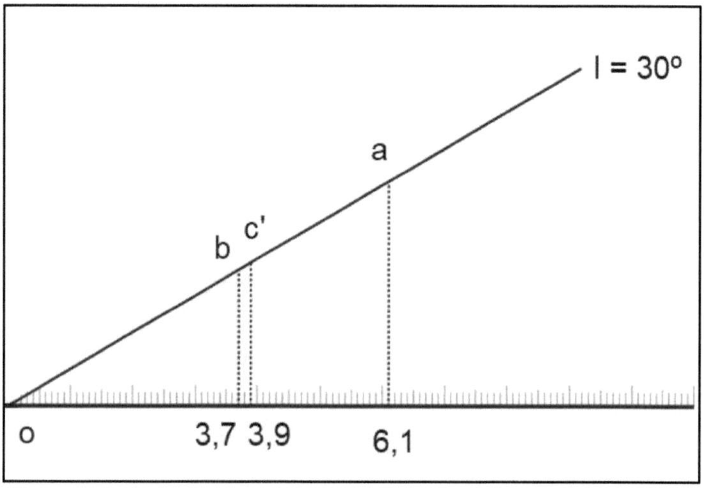

5.2. El 5 de marzo del 2020 a TU = 10:43:12 estando en situación de estima le = 70⁰ 56,7' S y Le = 054⁰ 33,7' W, navegando al Rv = 283⁰ con Vb = 20 nudos, de la observación del Sol obtenemos determinante de dicho astro: azimut verdadero = 079⁰ y dif. de alturas = 0'.

Al pasar el Sol por el meridiano superior del lugar tomamos una altura instrumental del Sol limbo inferior = 24⁰ 58,9'.

Elevación del observador= 15 m;
error de índice= 0,9' (derecha).

Calcular la situación observada en el momento de la meridiana.

A: lo = 70⁰ 15' S Lo = 059⁰ 50,1' W

B: lo = 70⁰ 30,1' S Lo = 059⁰ 20,3' W

C: lo = 70⁰ 34,6' S Lo = 059⁰ 55,9' W

D: lo = 70⁰ 41,1' S Lo = 060⁰ 01,5' W

Resolución:

Este ejercicio comprende ejercicios de diferente naturaleza dentro del mismo. Empezamos con una situación de estima y tomamos una altura del Sol que ya nos viene corregida y a la vez calculados los determinantes de este, datos con los cuales podremos dibujar la primera recta de altura. Sin embargo, si observamos en el almanaque náutico, en la página correspondiente a la fecha del enunciado, vemos que ha transcurrido bastante tiempo desde la primera observación hasta la hora del paso del Sol por el meridiano superior del lugar, tiempo en que la embarcación ha estado navegando a una velocidad considerable, de modo que habrá que calcular una nueva situación estimada aplicando la técnica correspondiente al cálculo de estima directa.

En este momento se toma una nueva altura al Sol que, al ser altura instrumental, debemos ajustar con las correspondientes correcciones para determinar la altura verdadera.

Hay que tener presente que, al tratarse de una medición de la altura en el momento del paso del astro por la meridiana, no hará falta calcular los determinantes del astro, sino que aplicaremos directamente la fórmula que da como resultado la latitud observada.

Finalmente, con la posición estimada y los determinantes del Sol en el momento inicial, dibujaremos las rectas de altura para averiguar la longitud de la segunda posición.

Deberíamos empezar por calcular la situación de estima en el momento del paso del Sol por la meridiana, para ello necesitamos TU en ese momento (al que llamaremos TU_2) para averiguar el tiempo y, en consecuencia, la distancia navegada. El problema es que no podemos conocer la situación de estima si no conocemos la distancia navegada, y no conocemos la distancia navegada si no conocemos en qué momento se producirá el paso del Sol por la meridiana sin conocer nuestra longitud estimada.

Para resolver esta situación usaremos la técnica del cálculo del intervalo hasta el paso del Sol por el meridiano superior del lugar. Para ello necesitamos, además de los datos de los que ya disponemos, el ángulo en el polo en el momento de la primera observación.

Con ese dato, conoceremos el tiempo navegado y, conociendo la velocidad, la distancia navegada, momento en el cual podremos calcular la posición estimada.

Averiguamos el horario del Sol en TU = 10h 43m 12s:

HʘG = 327^0 08,9'

Cmmss = 10^0 48,0'

HʘGc = 337^0 56,9'

- L = 54^0 33,7'

HʘI = 283^0 23,2'

Corregimos:

^P = 360^0 - 283^0 23,2'

^Pe = 76^0 36,8'

Calculamos el incremento en longitud:

$$\Delta L = \frac{20\,sen\,283^0}{\cos 70^0\ 56{,}7'} = -\,59{,}69$$

$$Int. = \frac{76^0\ 36{,}8'\,\mathrm{x}\,60}{900 - 59{,}69} = 5h\,28m\,13s$$

Distancia recorrida 20 x 5h 28m 13s = 109,4 millas.

TU2 = TU1 + 5h 28m 13s =16 h 11m 25s

Procedemos a calcular la posición estimada en el momento 2.

Δl = 109,4 x cos 283^0 = 24,6'

le$_2$ = 70^0 56,7' - 24,36' = 70^0 32,3' S [7]

A = 109,4 sen 283^0 = -106,6'

$$lm = \frac{l + l'}{2} = \frac{70^0\ 56{,}7' + 70^0\ 32{,}6'}{2} = 70^0 44{,}5'$$

$$\Delta L = \frac{106{,}6}{\cos 70^0 44{,}5'} = 323{,}19^0 = 005^0\ 23{,}2'$$

[7] Dado que la latitud inicial es S, y el rumbo es WNW, restaremos el incremento de latitud a la latitud inicial.

$$Le_2 = 054^0\ 33{,}7' + 005^0\ 23{,}2' = 59^0\ 56{,}9'$$

Procedemos a calcular la latitud observada por la medición de la altura del Sol en el momento de la meridiana.

ai =	24⁰ 58,9'
ei =	0,9'
cd (15) =	-6,9'
cr =	14,1'
ca =	0,0'
av =	25⁰ 7,0'

$$Z = 90 - 25^0\ 7' = 64^0\ 53'$$

$$TU_2 = 15h\ 58m\ 13{,}5s;\ \delta = -5^0\ 41{,}6'$$

$$lo = -5^0\ 41{,}6' - 64^0\ 53' = 70^0\ 34{,}6'\ S$$

Para dibujar la latitud observada en la carta en blanco, calculamos la diferencia entre la latitud estimada y la latitud observada.

$$\Delta l = 70^0\ 34{,}6' - 70^0\ 33{,}1' = 1{,}5'$$

Resolución gráfica (Figura 2).

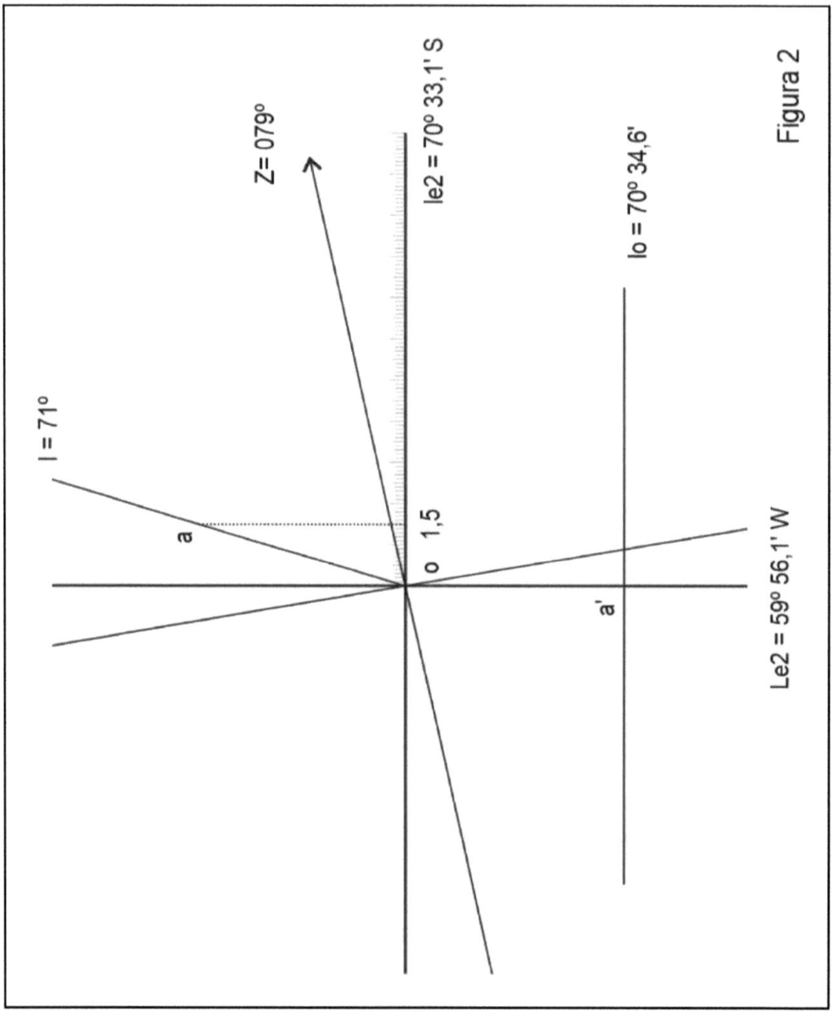

Figura 2

Trazamos una línea desde el centro de la cruz formada por las líneas que representan la latitud y longitud estimadas (punto o) y con ángulo respecto a la línea horizontal aproximadamente igual a la latitud estimada, este caso el ángulo son 71^0, y a la que, recordamos que llamamos línea de medición de latitud.

Trazamos una línea con ángulo respecto a la línea vertical, igual al primer azimut del determinante de la primera observación del Sol y pasando por el centro de la cruz de posición ($Z=79^0$). Como en este caso la diferencia de alturas es 0, trazamos una perpendicular al azimut que pasa por el centro de la cruz, punto o.

Esta línea corresponde a la traslación de la recta de altura a la estimación de la posición en el momento de paso del Sol la meridiana, ya que, recordemos, dicha altura se tomó en un momento anterior, y las líneas que hemos dibujado anteriormente corresponden a la situación estimada en ese momento.

$$le_2 = 70^0\ 33{,}1'\ S \text{ y } Le_2 = 59^0\ 56{,}1'\ W$$

Medimos la diferencia entre le2 y lo, que hemos calculado anteriormente y dio un valor de 1,5, sobre la línea horizontal de medición, y dibujamos una perpendicular hasta la línea de medición de latitudes, a cuya intersección llamamos a.

Medimos la distancia del centro al punto a y lo trasladamos sobre la línea vertical que representa hacía el sur, dando lugar al punto a'

Sobre el punto a' trazamos una línea perpendicular, cuyo valor responde a la latitud observada lo = 70^0 34,6' S

El punto de intersección entre la latitud observada y la recta de altura trasladada, al que denominamos p, corresponde a la posición observada.

Para averiguar los valores de la posición observada, debemos medir la distancia entre el punto p hasta la línea vertical correspondientes a la posición estimada en el momento de paso del Sol por la meridiana, que nos dará la diferencia entre la longitud estimada y la longitud observada.

Como el valor de la longitud observada está más a la derecha que el valor de la longitud estimada, y como el componente de la longitud estimada es de componente W, debemos restar dicho valor al valor inicial. "La posición observada esta menos al oeste que la posición estimada". En este caso la distancia es de 0,8 millas.

$$Lo = 59° 56,9' – 1' = 59° 55,9' W$$

No será necesario medir la distancia hasta la línea horizontal, ya que tenemos la latitud observada por la medición al Sol en el momento de la meridiana.

La respuesta correcta es **C: lo = 70^0 34,6' S Lo = 59^0 55,9' W**

5.3. En situación de estima 31^0 N, 143^0 12' W la observación matutina del Sol cuando la corredera marca 606 millas náuticas produce el determinante: Zn= 130^0, dif.alt = 8' (-). Se navega entonces al Rv = 260^0 y más tarde la meridiana del Sol computa una latitud= 31^0 15' N cuando la corredera marca 632 millas náuticas. Calcular la situación observada.

A: 31^0 23' N – 143^0 39' W *B: 30^0 47' N – 143^0 42' W*

C: 31^0 15' N – 143^0 35' W *D: 30^0 11' N – 143^0 41' W*

Resolución:

Se trata de un ejercicio de posición por rectas de altura en la que nos dan, prácticamente, todos los datos, salvo la distancia recorrida entre la posición inicial (A) y la posición final (B), que se calculará de forma sencilla con la diferencia entre el número de millas que marca la corredera en la posición final y en la posición inicial. Calculada dicha diferencia, debemos calcular una estima directa de la posición A a la posición B, para averiguar la latitud y longitud estimadas en la posición B.

Sin embargo, nos fijaremos en que, en el punto B, el enunciado nos indica directamente la latitud observada mediante toma de altura al Sol en la meridiana que, como sabemos, no requiere el cálculo de los determinantes del astro, sino que mediante la aplicación de la fórmula correspondiente nos indica la latitud observada. En este caso, ni siquiera esto, dado que el enunciado indica directamente dicha latitud ya calculada.

Dado que la única respuesta compatible con la latitud observada en el punto B es la respuesta C, se podría contestar dicha pregunta sin tener que realizar ningún cálculo.

Sin embargo, este libro pretende exponer y facilitar el cálculo de las respuestas correctas, de modo que, aun conociendo parte de la respuesta, y por lo tanto la respuesta correcta, continuaremos con el desarrollo del ejercicio.

Calculamos la distancia recorrida:

632 – 606 = 24 millas.

Calculamos la posición estimada:

$$\Delta l = d \ x \cos Rv$$

$\Delta l = 24 \ x \cos 260^0 = - 4{,}16$ millas

$le = 31^0 - 0^0 \, 4{,}16' = 30^0 \, 55{,}8'$ N

$$lm = \frac{l + l'}{2} \qquad lm = \frac{31^0 + 30^0\,55{,}8'}{2} = 30^0\,57{,}9'$$

$$\Delta L = \frac{d \ x \ sen \ Rv}{\cos lm} \qquad \Delta L = \frac{24 \ \text{x sen } 260}{cos \ 30^0 \ 57{,}9'} = -27{,}6'$$

$$Le = 143^0\ 12' W + 27{,}6' = 143^0\ 39{,}6' W$$

Calculamos la diferencia de latitud para dibujar directamente la latitud observada (lo):

$$\Delta l = 31^0\ 15' - 30^0\ 57{,}9' = 17{,}1'$$

Resolución gráfica (Figura 3).

Primero dibujamos la cruz de posición, cuyos valores son:

$$le = 30^0\ 55{,}8' N;\ Le = 143^0\ 39{,}6' W$$

Trazamos la línea de medición de latitud desde el centro con un ángulo igual a la latitud estimada (31^0)

Dibujamos, sobre la línea horizontal derecha, una escala que llegue a 20 unidades.

Trazamos el azimut de la primera observación, cuyo ángulo es 130^0.

Calculamos 8 unidades sobre la línea de medición y trazamos una vertical hasta la línea de medición de latitud, obteniendo el punto a.

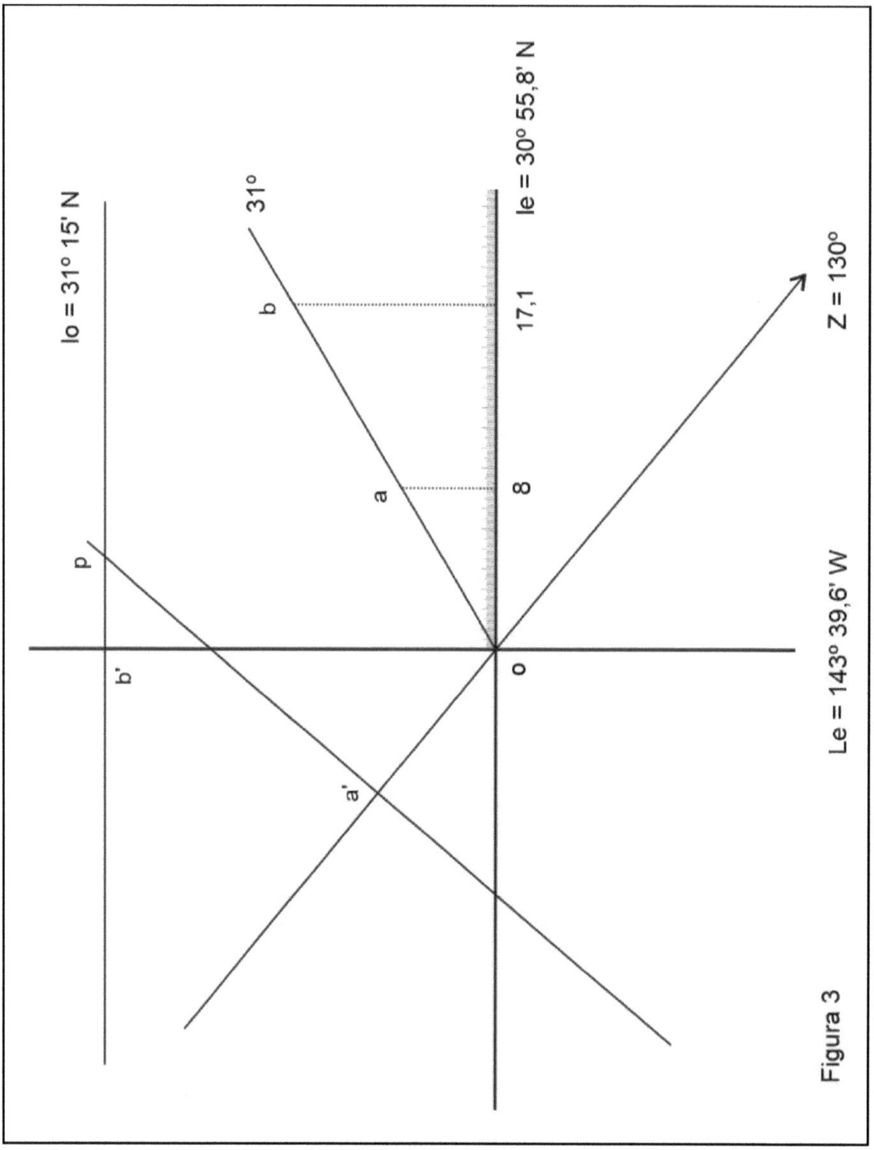

Figura 3

Trasladamos la distancia oa a la línea de azimut en sentido contrario, ya que la diferencia de alturas es negativa, (punto a') y trazamos la recta de altura, perpendicular al azimut de la primera observación cortando dicho punto (a').

Calculamos sobre la línea horizontal de medición la diferencia entre la latitud estimada (le) y la latitud observada (lo), y trazamos una perpendicular hasta cortar la línea de medición de latitud, obteniendo el punto b.

Trasladamos la distancia ob a la línea vertical y trazamos una perpendicular en este punto, que corresponde a la latitud observada lo.

El punto de corte entre la recta de altura y la recta lo corresponde a la latitud observada, y lo denominamos p.

Calculamos la distancia horizontal entre el punto p y la línea vertical de la cruz de posición. Dicha distancia se mide directamente sobre la horizontal de medición y corresponde a la diferencia de longitud. Nos indica una medición de 4,6, que restaremos a la longitud estimada Le, dando lugar a la longitud observada Lo, ya que la posición observada está más al este de la posición estimada, y esta tiene componente W.

$$Lo = 143^0\ 39{,}6' - 4{,}6' = 143^0\ 35'$$

La respuesta correcta es la **C: 31⁰ 15' N – 143⁰ 35' W**

Nota:

En este tipo de ejercicios, podemos observar que es mucho más sencillo obtener la posición del barco, ya que la latitud de la embarcación se obtiene directamente de la observación del astro, por supuesto tras aplicar las correspondientes correcciones a la altura obtenida.

En la vida real no deja de ser importante esta cuestión, ya que simplifica mucho los cálculos a realizar, sobre todo en lo que a los cálculos gráficos se refiere, y en consecuencia los posibles errores. Por este motivo, en este capítulo, y obviamente como parte del estudio de la asignatura, se llevan a cabo ejercicios en los que se busca provocar esta situación, es decir, calcular el momento y, en consecuencia, el tiempo que falta para que el astro, generalmente el Sol, se encuentra en su paso por el meridiano superior del lugar.

5.4. El día 14 de diciembre de 2020 en el momento de cruzar la línea del ecuador y navegando por la longitud de estima Le = 128º 55,0' W al ser TU = 03h 09m 35s observamos simultáneamente dos estrellas con los siguientes determinantes: Deneb: dif. de alturas= 1,6'; azimut verdadero= 322º Aldebarán: dif. de alturas= 2,5' (-); azimut verdadero = 072º. Calcular la situación observada por rectas de altura.

A: lo = 00º 00,3' N Lo = 128º 53,1' W

B: lo = 00º 00,0' N Lo = 128º 57,6' W

C: lo = 00º 05,0' N Lo = 129º 00' W

D: lo = 00º 00,9' S Lo = 129º 01,0' W

Resolución:

En este ejercicio, a pesar de proporcionar información tales como la fecha y TU de la observación, se indican los datos correspondientes a los determinantes de ambos astros, de modo que la resolución será gráfica sin que haya necesidad de ningún cálculo previo.

Se debe tener en cuenta en la resolución gráfica que la latitud es:

le = 0.

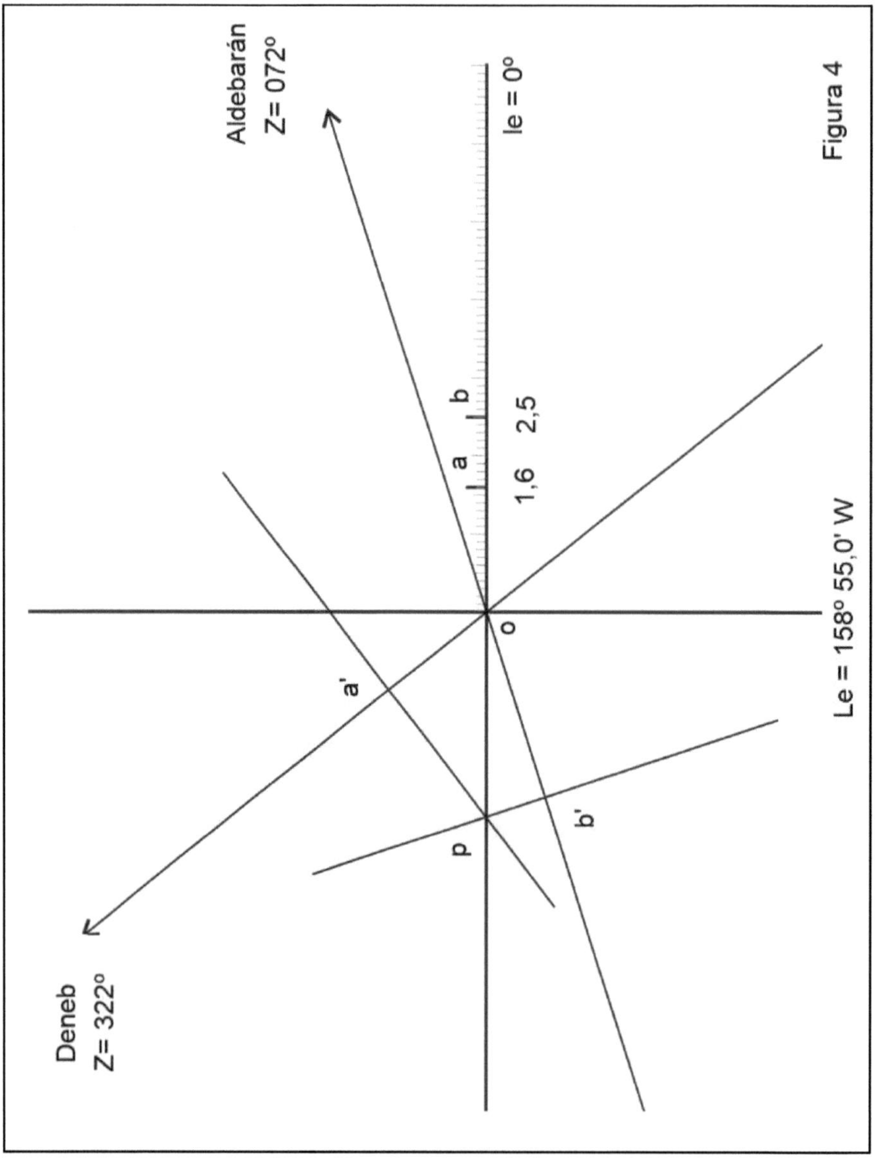

Figura 4

Dibujamos los azimuts correspondientes a Denébola y a Aldebarán.

Tomamos la medida de la diferencia de altura de Denébola (1,6) sobre la recta que usamos para las mediciones. En este caso, al ser la latitud = 0, no trasladamos dicha medición a la línea de latitud, ya que la medición será la misma.

Tomamos la medida de la diferencia de altura de Aldebarán (-2,5) y la trasladamos a la recta del azimut de Aldebarán, en este caso en sentido contrario a su azimut, ya que el valor es negativo.

Trazamos sendas perpendiculares sobre las líneas de azimut de cada estrella y buscamos su intersección (p).

Medimos la distancia horizontal del punto de intersección p hasta la línea vertical de la posición estimada, y obtenemos un valor de 2,6, que será la diferencia de longitud sobre la longitud estimada.

Respecto a la latitud, vemos que el punto p se halla justo sobre la línea horizontal, es decir, la latitud estimada se corresponde con la latitud observada.

Calculamos la nueva posición sobre el gráfico y sumamos el resultado a la posición estimada inicial:

$$Lo = 128^0\ 55{,}0' + 2{,}6' = 128^0\ 57{,}6'\ W$$

lo = 00⁰ 00,00 N + 0' = 00⁰ 00,00 N

La respuesta correcta es **B: lo=00⁰ 00,0' N Lo= 128⁰ 57,6' W**

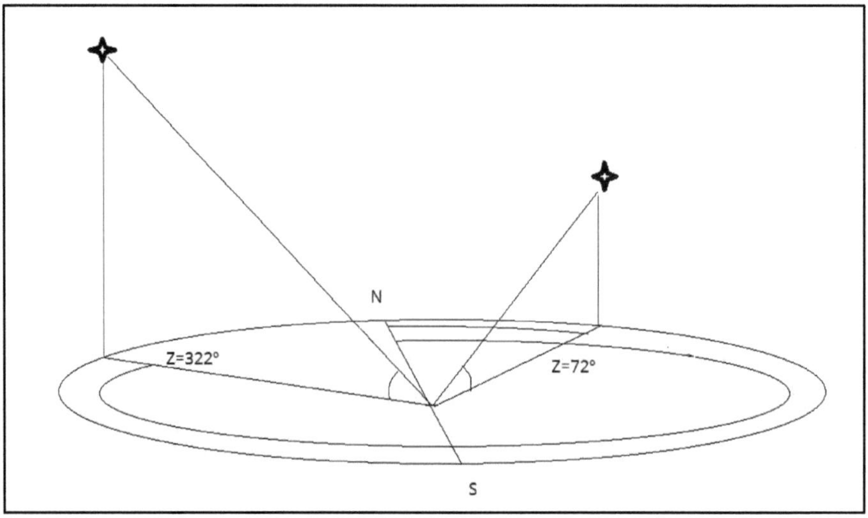

5.5. El 12 de julio de 2020 situados en el meridiano 030⁰ 00' W, en el momento del paso del Sol por el meridiano del lugar se obtiene cara al Sur la altura instrumental del limbo inferior del Sol (ai) = 63⁰ 27' con un error de índice (ei) = 1'(-) y una elevación del observador (E) = 22 m. Calcular la latitud observada (lo).

A: lo = 04⁰ 36,2' N *B: lo = 04⁰ 36,2' S*
C: lo = 48⁰ 17,8' S *D: lo = 48⁰ 17,8' N*

Resolución:

Se trata de un ejercicio de cálculo de la latitud por observación del Sol en su paso por la meridiana. Para calcular dicha latitud ya sabemos que necesitamos el valor de la declinación del Sol en este momento, y para ello, debemos averiguar el valor TU en ese momento.

Por otro lado, el enunciado indica la altura instrumental (ai), de modo que debemos aplicar las correspondientes correcciones para hallar la altura verdadera (av).

ai =	63^0 27,0'
ei =	- 1,0’
cd (22) =	- 8,3’
cr =	15,6’
ca =	- 0,3’
av =	63^0 33,0’

Calculamos Z:

$$Z = 90 - 63' 33{,}0' = 26^0\ 27'$$

Buscamos Hcl y calculamos TU:

$$Hcl\odot ms = PMG = 12h\ 5{,}7m$$

$$TU = 12h\ 5{,}7m + (30^0\ 00{,}0' / 15) = 14h\ 5{,}7m$$

Buscamos y corregimos δ:

$$12h = 21^0\ 50{,}8'$$

$$13h = 21^0\ 50{,}5'$$

Dif = - 0,3 [8]

Aplicamos la fórmula y calculamos:

[8] La diferencia es tan pequeña que no será necesario aplicar ninguna corrección por la diferencia de minutos y segundos.

$$lo = 21^0\ 50{,}8 + 26^0\ 27' = 48^0\ 17{,}8'\ N$$

La respuesta correcta es la **D: lo = 48^0 17,8' N**

Nota:

Aprovechamos este ejercicio para apuntar algunas cosas que son evidentes y que permiten intuir o incluso conocer la respuesta.

El 12 de julio, es verano, de modo que la declinación del Sol es positiva. Sabemos que el Sol pasa de tener declinación positiva en el equinoccio de primavera hasta el equinoccio de otoño, 21 de marzo y 21 de septiembre, aproximadamente.

Dicho esto, si observamos el Sol cara al sur, como indica el enunciado, significa que nuestra posición está más al norte, de modo que nuestra latitud es N.

Además, sabemos que, en julio, el sol ha estado recientemente en el solsticio de verano (21 de junio, aproximadamente) , de modo que su declinación estará cerca de su declinación máxima. Es por tanto imposible, con una observación del sol cara al sur, que la latitud sea menor a unos 27^0.

En definitiva, se podría contestar la pregunta sin ningún cálculo.

5.6. El Dia 17 de abril de 2019, en l = 50⁰ 00,0' N, siendo hΘel (horario oriental de Sol en el lugar) = 60⁰ 0,0', navegando al Rv = 090⁰ y Vb = 20 nudos. Calcular el intervalo hasta el paso del Sol por el meridiano superior del lugar.

A: 3h 51,9m *B: 4h 8,6m*

C: 4h 0,13m *D: 3h 54,12m*

Resolución:

Este ejercicio consiste en aplicar la fórmula del cálculo del intervalo hasta el paso del Sol por el meridiano superior del lugar. Antes de aplicar dicha fórmula, debemos averiguar de que datos disponemos y como calcular el resto.

Empezamos por calcular la diferencia en longitud. Para ello aplicamos la fórmula correspondiente

$$\Delta L = \frac{20\, x\, sen\, 90^0}{\cos 50^0} = 31{,}1\, millas^9$$

El otro dato que necesitamos es el ángulo en polo del Sol, dato que ya nos proporciona el enunciado, ya que se trata del

[9] Hay que recordar que el resultado de la fórmula se trata de un valor en millas, de modo que, si observamos el resultado en formato de grados y minutos, es conveniente dividirlo por 60, para evitar confusiones.

horario el Sol en el lugar, y además nos indica que es oriental, dato que no es necesario para este cálculo

$$Int. = \frac{60^0\ x\ 60}{900+31,1} = 3\text{h}\ 51,9\text{m}$$

La respuesta correcta es la **A:** ***3h 51,9m***

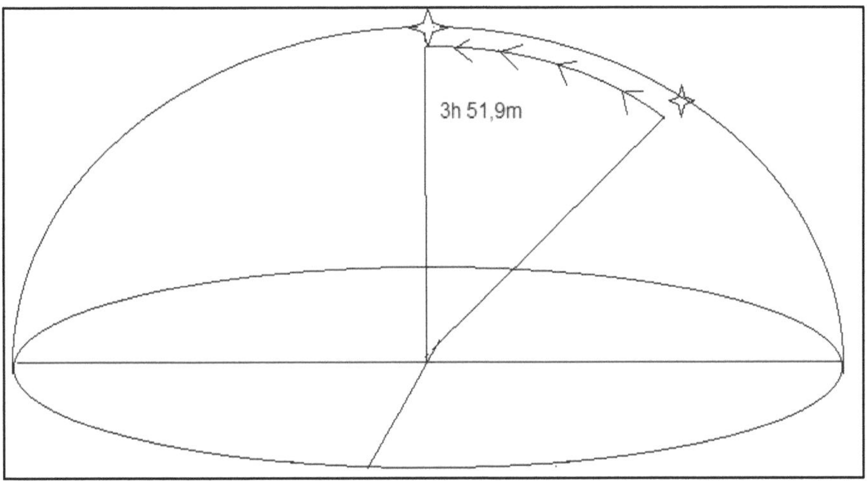

5.7. El día 18 de diciembre de 2018, al ser Hz = 9h 40m, nos encontramos en situación de estima le = 34⁰ 18' N y Le = 14⁰ 45' W, navegando al Rv = N 70⁰ W a Vb = 20 nudos. Calcular la Hz de paso del Sol por el meridiano superior del buque en movimiento.

A: 11h 59,2m (18) *B: 11h 58m (18)*

C: 11h 56m (18) *D: 11h 57m (18)*

Resolución:

Se trata de otro ejercicio basado en el cálculo del intervalo del paso del Sol por el meridiano superior del lugar, pero en el que se añaden algunas complicaciones tales como trabajar con Hz, en lugar de Hcl o con TU.

Empezamos por averiguar la diferencia de longitud, pero antes convertiremos el valor del rumbo, que se ofrece en formato cuadrantal, a formato náutico

$$Rv = N\ 70^0\ W = 360^0 - 70^0 = 290^0$$

$$\Delta L = \frac{20\ x\ sen\ 290^0}{\cos 34^0\ 18'} = -22{,}7\ millas$$

Para calcular el ángulo en el polo del Sol, o lo que es lo mismo, el horario del Sol en el lugar (h⊙l), necesitamos conocer el horario del Sol en Greenwich (h⊙G) y, por lo tanto, TU.

Conocemos Hz, de modo que debemos calcular Z[10]:

$$Z = (14^0\ 45' + 7{,}5) / 15 = 1{,}48 = 1$$

$$TU = Hz + Z = 9h\ 40m + 1 = 10h\ 40m$$

$$h\odot G\ (TU = 10h) = 330^0\ 52{,}0'$$

$$Cmmss\ (40m) = 10^0\ 00{,}0'$$

$$h\odot Gc = 340^0\ 52'$$

Restamos el valor de nuestra longitud para obtener h⊙l

$$- L = 14^0\ 45'$$

$$h\odot l = 326^0\ 7'$$

Como es mayor que 180⁰ restaremos este valor de 360⁰ para obtener el ángulo en el polo (^P)

$$\hat{P}e = 360^0 - 326^0\ 7' = 33^0\ 53'$$

---

[10] Recordamos del capítulo 2, medida del tiempo, que una forma de calcular Z es sumar 7,5 a Hcl y dividir por 15, para finalmente, coger solo la parte entera del resultado.

Calculamos el intervalo:

$$Int. = \frac{33^0 53\prime\, x\ 60}{900 - 22{,}7} = 2h\ 19{,}2m$$

Como el enunciado pide Hz, sumamos dicho intervalo al Hz inicial

Hz_2 = 9h 40m + 2h 19,2m = 11h 59,2m

La respuesta correcta es la **A: 11h 59,2m (18)**

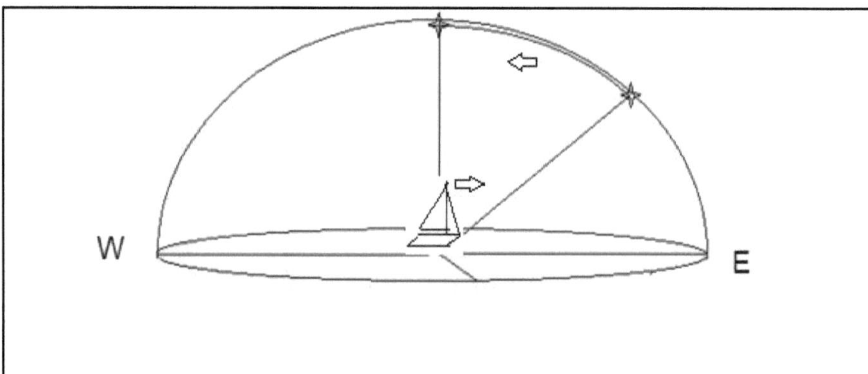

Mientras el Sol se desplaza 900 millas hacia el W, el barco navega a 20 millas hacia el Este.

5.8. ¿Cuál es el intervalo de tiempo hasta el paso del Sol por el meridiano superior del lugar, si el 12 de enero de 2020, a TU = 13h 35m 48s nos encontramos en situación l = 55⁰ 08,0' S y L = 040⁰ 52,0' W y navegamos sin viento ni corriente al Rv = 250⁰ y Vb = 13 nudos

A: Int. = 1h 17m 38s *B: Int. = 1h 20m 1s*

C: Int. = 1h 22m 5s *D: Int. = 1h 10m 2s*

Resolución:

Se trata de otro ejercicio basado en el cálculo del intervalo del paso del Sol por el meridiano superior del lugar sin ninguna complicación adicional.

Empezamos, como siempre, por averiguar la diferencia de longitud.

$$\Delta L = \frac{13\ x\ sen\ 250^0}{\cos 55^0\ 08'} = -21{,}4\ millas$$

Para calcular el ángulo en el polo del Sol, o lo que es lo mismo, el horario del Sol en el lugar (h⊙l), necesitamos conocer el horario del Sol en Greenwich (h⊙G), pero en este ejercicio, el enunciado ya nos proporciona TU.

h⊙G (TU = 13h) = 12^0 58,2'

Cmmss (35m 48s) = 8^0 57,0'

h⊙Gc = 21^0 55,2'

Restamos el valor de nuestra longitud para obtener h⊙l

- L = 40^0 52'

h⊙l = -18^0 56,8'

Como el valor es negativo, deberíamos sumar 360^0, lo cual nos dará un dato mayor que 180^0. Como el nuevo valor lo debemos restar de 360, ya que el ángulo en el polo debe ser menor que 180^0, llegaremos a un valor igual a multiplicar h⊙l x -1, de modo que simplemente cambiamos el signo.[11]

h⊙l = 18^0 56,8' = ^P

Calculamos el intervalo:

$$Int. = \frac{18^0 56{,}8' \, x \, 60}{900 - 21{,}4} = 1h\ 17m\ 38s$$

La respuesta correcta es la **A: Int. = 1h 17m 38s**

[11] Si h⊙l < 0 -> h⊙lc = h⊙l + 360 ; si h⊙lc > 180 -> ^P = 360 – h⊙lc; ^P = 360 – (h⊙l – 360) = - h⊙l.

5.9. Siendo el 13 de octubre de 2020, a las 06:30 TU y en situación l = 34⁰ 36' S y L = 50⁰ 58' W, navegamos a 15 nudos al rumbo verdadero 120⁰. Calcular la hora UT de paso del Sol por el meridiano superior del lugar.

A: 21h 39m 59 *B: 15h 29m 39s*

C: 15h 09m 59s *D: 15h 01m 4s*

Resolución:

De nuevo se trata de un ejercicio de cálculo del intervalo, que una vez resuelto debemos sumar al TU inicial para responder a la pregunta que plantea el enunciado.

Empezamos por calcular la diferencia de longitud.

$$\Delta L = \frac{15\ x\ sen\ 120^0}{\cos 34^0 36\ '} = 15{,}78\ millas$$

Calculamos el ángulo en el polo (^P)

h⊙G (TU:6h) = 273^0 27,4'

Cmmss (30m) = 7^0 30'

h⊙GC = 280^0 57,4'

Restamos el valor de la longitud del observador

$$- L = 050^0\ 58{,}0'$$

$$h\odot l = 229^0\ 59{,}4'$$

$$\wedge P = 360^0 - 229^0\ 59{,}4' = 130^0\ 0{,}6'$$

$$Int. = \frac{130^0\ 0{,}6'\ x\ 60}{900 + 15{,}78} = 8h\ 31m\ 5s$$

$$TU_2 = 6h\ 30m + 8h\ 31m\ 4s = 15h\ 1m\ 4s$$

La respuesta correcta es la **D: 15h 1m 5s**

5.10. El 19 de mayo de 2021 a TU = 15:00:00 estando en situación de estima le = 58⁰ 19,2' S y Le= 064⁰ 11,3' W navegando al Rv = 295⁰ con Vb = 7 nudos, obtenemos por la mañana un horario oriental del Sol en el lugar de 18⁰ 07'.

Calcular la HcG de paso del Sol por el meridiano superior del lugar.

A: HcG = 16:09:00 (19) *B: HcG = 16:13:27 (19)*

C: HcG = 16:19:22 (19) *D: HcG = 16:29:22 (19)*

Resolución:

Este ejercicio combina la práctica de los conocimientos adquiridos para calcular el intervalo hasta el paso del Sol por el meridiano superior del lugar, y los conceptos de medida de tiempo que hemos practicado en el capítulo 2.

La primera cuestión que debemos resolver es el cálculo del intervalo. El enunciado nos proporciona el ángulo en el polo ^P, en este caso oriental, dato que para este ejercicio no tiene ninguna repercusión. Para resolver la fórmula del intervalo necesitamos la diferencia de longitud.

$$\Delta L = \frac{7\ sen\ 295^0}{\cos 58^0\ 19{,}2'} = -11{,}97$$

Calculamos el intervalo:

$$Int. = \frac{18^0\ 07'x\ 60}{900 - 11{,}97} = 1h\ 13m\ 27s$$

El ejercicio pide HcG, es decir TU, de modo que, simplemente, debemos sumar dicho intervalo al TU inicial del propio enunciado.

TU_2 = 15h 00m 00s + 1h 13m 27s = 16h 13m 27s

Por otro lado, observamos que no hay cambio de día.

La respuesta correcta es la **B: HcG = 16:13:27 (19)**

5.11. El 19 de diciembre de 2020 en situación de estima le = 40⁰ S Le = 170⁰ E, siendo TU = 05:15:26, calculamos determinante de la observación del Sol obteniendo un Zv = S 83,4⁰ W y una dif. de alturas = 7,5' (+). Navegamos al rumbo Norte con Vb = 20 nudos hasta ser TU= 08:30:26 (día 19) en que observamos ai Markab = 23⁰ 41'; ei= 2'(+); elevación del observador = 6 metros. Se pide que se calcule la situación observada a TU = 08:30:26 del día 19.

A: lo = 39⁰ 56,3' S Lo = 169⁰ 59,3' E

B: lo = 39⁰ 50' S Lo = 170⁰ 00' E

C: lo = 39⁰ 57' S Lo = 170⁰ 10' E

D: lo = 39⁰ 59' S Lo = 169⁰ 40' E

Resolución:

Se trata de un ejercicio de resolución gráfica, pero antes de dibujar las correspondientes rectas de altura y hallar la posición por la intersección de estas, necesitamos calcular los determinantes del segundo astro, y antes de ello, corregir la altura instrumental y convertirla en altura verdadera.

A continuación, debemos calcular la posición estimada en el momento de la segunda observación. Para ello, disponemos de la información siguiente:

- Velocidad del buque (Vb) = 20 nudos.
- Rumbo = 0⁰

- Tiempo navegado:

$$TU_2 - TU_1 = 08{:}30{:}26 - 05{:}15{:}26 = 3h\ 15m$$

Con estos datos calcular la distancia navegada (Vb x T)

$$D = 20 \times 3h\ 15m = 65 \text{ millas.}$$

Dado que el rumbo es N, cierto es que no es necesario aplicar las fórmulas de estima directa (aunque se puede hacer sin ningún problema). Sencillamente, toda la distancia navegada será diferencia de latitud.

$$le_2 = 40^0 - 65' = 38^0\ 55'$$

$$Le_2 = Le_1 = 170^0\ E$$

Procedemos a calcular la altura verdadera de Markab

ai =	23^0 41,0'
ei =	2,0'
cd (6) =	- 4,3'
cr =	- 2,2'
av =	23^0 36,5'

Para calcular los determinantes del astro necesitamos la declinación δ y el horario de este en el lugar h*l.

Averiguamos en el almanaque náutico, en la página correspondiente a la fecha del enunciado, el horario de Aries en Greenwich.

$$h\Upsilon G\,(TU{:}08h) = 208^0\ 22.8'$$
$$Cmmss\ (30m26s) = 7^0\ 37{,}7'$$

$$h\Upsilon Gc = 216^0\ 0{,}5'$$

Sumamos el ángulo sidéreo

$$+\ A.S = 13^0\ 33{,}2'$$

$$h{*}G = 229^0\ 33{,}7'$$

Sumamos la longitud de nuestra posición estimada:

$$+\ L = 170^0\ \ 0{,}0'$$

$$h{*}l = 399^0\ 33{,}7'$$

Corregimos (- 360) $h{*}l = 39^0\ 33{,}7'$

Tomamos nota de la declinación del astro:

$$\delta = 15^0 19{,}1'$$

Ya disponemos de todos los datos para calcular los determinantes del astro. Multiplicamos el primer sumando de la fórmula, ya que, latitud y declinación son de diferente especie.

$$sen\ ae = -1\ x\ sen\ 38^0\ 65' x\, \text{sen}\, 15^0\ 19{,}1' + \cos 38^0\ 65' x \cos 15^0\ 19{,}1' x\ \cos\ 39^0\ 33{,}7'$$

$$\text{ae} = 24^0\ 22'$$

$$\Delta a = 23^0\ 36{,}4' - 24^0\ 22' = -\ 45{,}6$$

Calculamos el azimut del astro:

$$Ctg\ Z = -1\ x\ \frac{tg\ 15^0\ 19{,}1'\ x\ cos\ \ 38^0\ 65'}{sin\ 39^0\ 33{,}7'} - \frac{sin\ \ 38^0\ 65'}{tg\ 39^0\ 33{,}7'}$$

$$\text{Zv} = \text{N } 42{,}4^0 \text{ W} = 317{,}6^0$$

Resolución gráfica (figura 5).

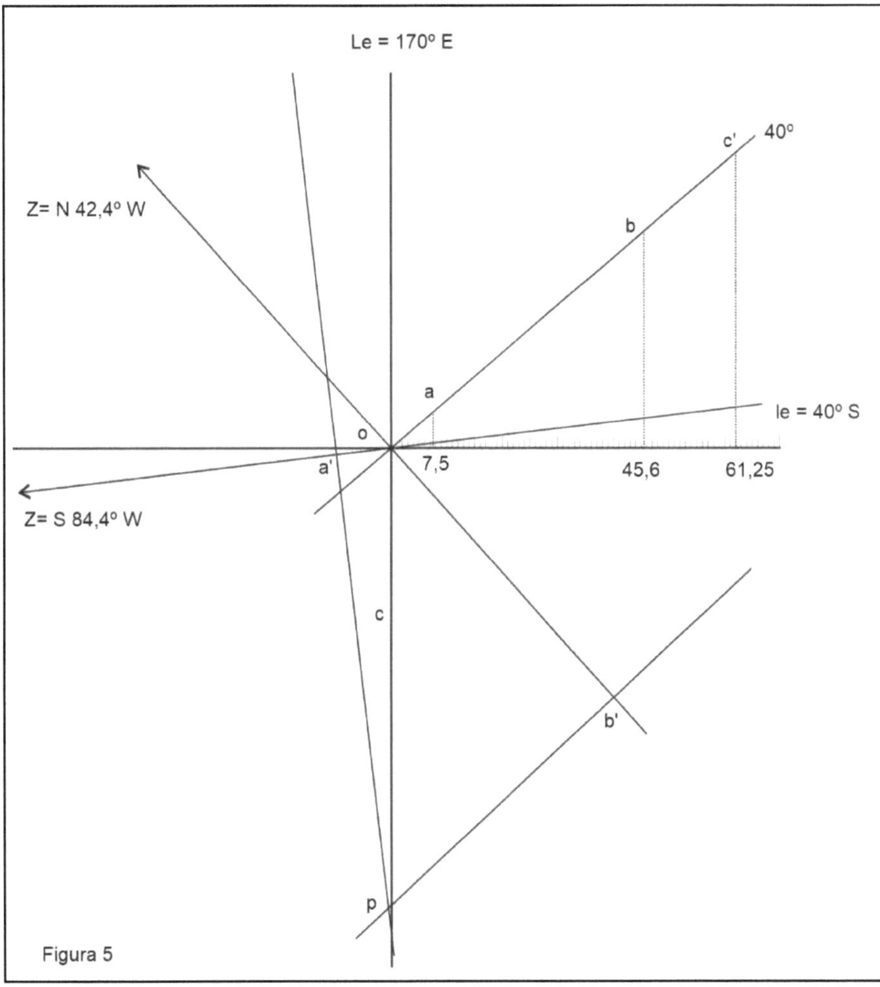

Figura 5

Como siempre, empezamos por trazar una línea horizontal que representa la latitud estimada y una línea vertical que representa la longitud estimada.

Trazamos una línea que sale de la intersección de las líneas anteriores, con un ángulo aproximadamente igual a la latitud estimada respecto a la línea horizontal, en este caso 40^0. Estas 2 líneas nos servirán para efectuar las mediciones.

Sobre la línea horizontal, dibujamos una regla de medición. En este caso, cada punto representará una medida mayor de lo habitual, ya que la diferencia de altura de la segunda medición es bastante grande.

Trazamos la línea del azimut correspondiente al Sol, con ángulo de $263{,}4^0$ respecto al norte (Z⊙ = S 83,4 W = $263{,}4^0$)

Medimos la diferencia de alturas del astro (dato que nos da el enunciado) sobre la línea horizontal y trazamos una perpendicular que corte la línea de medición de latitud. la distancia entre el centro de la cruz de posición y la intersección de las líneas anteriores es la distancia a trasladar sobre la línea de azimut. Sobre ese punto dibujamos la perpendicular, que corresponde a la primera recta de altura.

Hacemos lo propio con el azimut que hemos calculado para la estrella Markab, pero en este caso, mediremos la diferencia de alturas en el sentido contrario a la dirección de azimut, ya que la diferencia de alturas es negativa.

La intersección de las dos rectas de altura indica la posición observada de la embarcación (p).

Observamos que la distancia horizontal entre el punto p y la línea vertical es muy pequeño, incluso difícil de medir.

Trasladamos la distancia vertical entre el punto p y la línea horizontal de latitud estimada a la línea que representa el ángulo de latitud estimada. Dibujamos una línea sobre el punto obtenido perpendicular a la línea horizontal de medición.

La lectura de dicha medición es de 61,25', aunque es difícil apreciar la medida exacta.

Si sumamos la medición efectuada a la latitud estimada le, el resultado es:

$$lo = 38^0\ 55' + 61{,}25' = 39^0\ 56{,}25'\ S$$

Respecto a la longitud, apreciamos que es un poco más a la izquierda de la longitud estimada. De modo que daremos por bueno el dato de la solución que más se aproxime al valor inicial estimado Le = 170^0

Cabe decir que es frecuente, en las pruebas de examen, que los valores obtenidos de las gráficas difieren un poco de los valores indicados como posibles respuestas, de modo que no queda más remedio, en estos casos, que revisar todos los cálculos y dar por bueno el valor más aproximado.

Observamos entre las posibles soluciones, por lo tanto, que la respuesta que más se acerca a ambos resultados es la:

A: lo = 39^0 56,3' S Lo = 169^0 59,3' E

Capítulo 6

Corrección total

Corrección Total.

Formas de obtener la corrección total:

- **Con la relación de declinación magnética y desvío del compás.**
- **Con la relación de azimut náutico y azimut de aguja:**
    - **Teniendo como dato el azimut de aguja de la estrella Polar.**
    - **Teniendo como dato el azimut de aguja del Sol en el momento del orto u ocaso verdaderos.**

Introducción

Estos ejercicios consisten en averiguar el azimut verdadero mediante observaciones a los astros, para posteriormente aplicar la fórmula siguiente para calcular la corrección total. La forma de obtener el azimut verdadero depende del astro del cual se toma la observación y del momento en que se toma, como se verá en los siguientes ejercicios.

Fórmulas de referencia:

$$Ct = Zv - Za$$

$$Cos\,Z = \frac{sen\,\delta}{\cos l}$$

Definiciones:

- Ct. Corrección total.
- Zv. Azimut verdadero.
- Za. Azimut total.

Ejercicios

6.1. El 9 de abril de 2020, al ser TU = 15h 00m 00s en situación estimada le = 36^0 00' 15" N y Le = 005^0 36' 36" W se observa la Polar con un azimut aguja de 357^0. Se pide que se calcule la corrección total por la estrella Polar.

A: Ct = 2,8^0 (+) *B: Ct = 2,8^0 (-)*

C: Ct = 1,8^0 (+) *D: Ct = 1,8^0 (-)*

Resolución:

Resolver este ejercicio consistirá en tomar la lectura del azimut verdadero de la estrella Polar en la tabla denominada Azimutes de la Polar, de la página 385 del almanaque náutico. Para ello necesitamos 2 datos, el horario en el lugar del punto de Aries (h♈l), y la latitud estimada de la posición del barco. Este último dato nos lo proporciona el enunciado.

Para hallar h♈l antes debemos conocer h♈G, dato que tomaremos del almanaque náutico para la fecha de referencia del enunciado, y TU:

Para TU = 15h, h♈G = 63^0 18,7’

Dado que la posición del barco está al W de Greenwich, restamos directamente la longitud estimada de nuestra posición a este valor:

$$h♈l = 63^0\ 18{,}7' - 005^0\ 36'\ 36'' = 57^0\ 42{,}1'$$

Con este dato y la latitud estimada, buscamos los datos en la tabla antes mencionada. Tomaremos los datos por aproximación:

$$h♈l = 60 \text{ y } l = 35 \Rightarrow Zv = -0{,}2$$

Por otro lado:

$$Za = 360^0 – 357^0 = -3^0$$

y aplicando la fórmula:

$$Ct = -0{,}2^0 – (-3^0) = +2{,}8^0$$

La respuesta correcta es la **A: Ct = 2,8^0 (+)**

6.2. El 23 de septiembre de 2020, en l= 50⁰ 08' N, L= 023⁰ 43' W, al ser Hz = 21:10, navegando a Ra = 347⁰ marcamos la estrella Polar por estribor (M) = 20⁰. Calcular la corrección total (Ct).

A: Ct = 7,3 NE *B: Ct = 8,0 NW*

C: Ct = 6,0 NW *D: Ct = 6,7 NE*

Resolución:

Para calcular la corrección total (Ct) necesitamos Za y Zv.

Para calcular Zv disponemos de la tabla de azimutes de la Polar en el almanaque náutico, pero para localizar el valor deseado necesitamos calcular el horario de Aries en el lugar (h♈l). Para obtener h♈l, necesitaremos TU para localizar primero h♈G en la página correspondiente a la fecha de la marcación. El enunciado del problema indica Hz, de modo que, conociendo la relación Hz = TU ± Z, vemos que para calcular TU necesitamos calcular Z.

$$Z = (L + 7.5) / 15 = (23^0\ 43' + 7,5) / 15 = 2,08 = 2$$

Ya disponemos de la información necesaria para obtener TU, como el valor que buscamos es el de Greenwich, y este se encuentra más al este de nuestra situación, tendremos que sumar los valores:

TU = 21:10 + 2 = 23:10

Acudimos al almanaque náutico y tomamos el dato h♈G correspondiente a las 23h:

h♈G (TU = 23h) = 348^0 14,7'

Aplicamos la corrección por minutos y segundos que encontramos en las últimas páginas del almanaque náutico[12]:

Cmmss = 2^0 30,4'

h♈Gc = 350^0 45,1'

Finalmente restamos nuestra longitud para obtener h♈l

h♈Gc = 350^0 45,1'
L = 23^0 43,0'
h♈l = 327^0 02,1'

[12] Hay que recordar que cuando trabajamos con los horarios del punto de Aries debemos corregirlo con el valor de la segunda columna.

Localizamos el valor del azimut de la estrella Polar con los valores $l = 50^0$ y $h♈l = 330^0$ (observamos que para el valor 320^0 el valor es el mismo, de modo que no es necesario buscar un valor intermedio) y obtenemos el valor correspondiente a Zv:

$$Zv = +1,0$$

Para obtener Za debemos sumar los datos del enunciado, Ra y la marcación por estribor:

$$Za = 347^0 + 20^0 = 367^0 = 7^0$$

Finalmente:

$$Ct = 1^0 - 7^0 = -6^0 = 6^0 \text{ NW.}$$

La respuesta correcta es la **C: Ct = 6,0 NW**

6.3. El día 24 de marzo de 2020, encontrándonos en situación de estima l = 45^0 30' N y L = 008^0 07' W en el momento del ocaso del Sol, tomamos azimut aguja al Sol = 269^0. Calcular la corrección total al ocaso.

A: Ct = 3,4^0	*B: Ct = -4,5^0*
C: Ct = -3,4^0	*D: Ct = 1,5^0*

Resolución:

La resolución de este tipo de ejercicios consiste en aplicar la fórmula que relaciona el azimut con la declinación del astro y la latitud en el momento del orto o del ocaso.

Para aplicar dicha fórmula simplemente necesitamos la latitud, estimada en este caso, y la declinación del astro. Este último dato lo localizamos en el almanaque náutico en la página correspondiente a la fecha del enunciado.

Para este día, y para una latitud de 45^0, la hora de la puesta del Sol es a las 18h 18m.

Este dato corresponde a la hora de puesta del Sol en Greenwich, y al igual que el dato PMG, que hemos comentado en ejercicios anteriores, suponemos que la hora de la puesta del Sol en Greenwich, es la Hcl de cualquier punto del planeta. Dicho esto, para averiguar la declinación del Sol en el momento de la puesta de Sol en el lugar, debemos averiguar TU, que será mayor que Hcl, ya que la observación se produce en el W de Greenwich.

Para averiguar TU sumamos a la hora de puesta de Sol la longitud en tiempo:

$$TU(ocaso) = 18h\ 18m + (8^0\ 7' / 15) = 18h\ 50m\ 28s$$

Con este dato buscamos la declinación del Sol. Dado que el almanaque solo indica los datos para horas enteras, calcularemos la diferencia entre la hora calculada y la siguiente, y trasladaremos a los minutos y segundos.

18 h = +1^0 48,6'

19 h = +1^0 49,6'

Dif. = +1,0'

$$\text{Corrección } \delta = 1 / 60 \times 50m\ 28s = 0{,}8'$$

$$\delta = 1^0\ 49{,}4'$$

$$Cos\,Z = \frac{sen\ 1^0\ 49{,}4'}{\cos 45^0\ 30'}$$

$$Z = 87^0\,23{,}9'$$

Este resultado da un valor cuadrantal, de modo que para terminar con el ejercicio debemos convertirlo al valor en formato náutico

$$Z = N\ 87{,}4^0\ W \Rightarrow 272{,}6^0$$

$$Ct. = 272{,}6^0 - 269^0 = 3{,}4^0$$

La respuesta correcta es la **A: Ct = 3,4⁰**

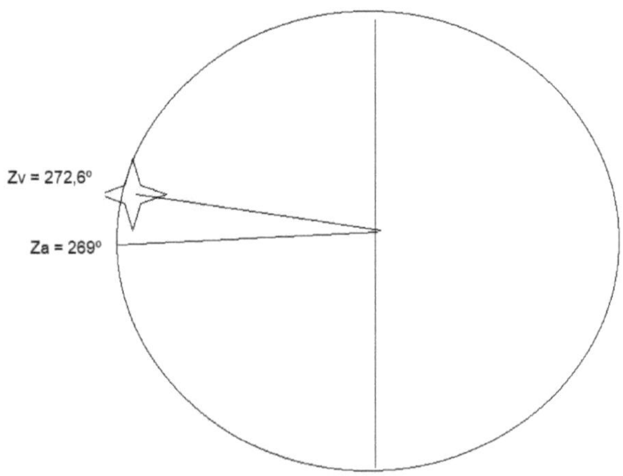

6.4. El día 28 de septiembre de 2020, situados en l = 10⁰ 01,2' N y L = 135⁰ 30,3' E y en el momento del ocaso del Sol se toma su azimut de aguja (Za) = 269,5⁰, siendo la hora civil en Greenwich (HcG) = 08h 21m 42s en ese momento. Calcular la corrección total (Ct) al ocaso verdadero.

A: Ct = - 3,4 *B: Ct = + 3,4*

C: Ct = - 1,8 *D: Ct = + 2,9*

Resolución:

Se trata de un ejercicio muy similar al anterior, de modo que nos limitaremos a aplicar los pasos para su resolución sin comentar demasiado, ya que se ha comentado en el ejercicio anterior.

Normalmente, localizaríamos la hora del ocaso para la fecha del enunciado en la página correspondiente en el almanaque náutico, para después hallar HcG y hallar la declinación para ese momento, sin embargo, el enunciado ya nos ofrece ese dato, de modo que simplemente localizaremos el valor de la declinación

8 h = -20^0 14,8'

9 h = -20^0 15,8'

Dif. = +1,0'

Corrección δ = 1 / 60 x 21m 42s = 0,35'

$$\delta = -2^0\ 15{,}2'$$

$$Cos\,Z = \frac{sen\ 2^0\ 15{,}2'}{\cos 10^0\ 1{,}2'}$$

$$Z = 87^0\ 42{,}7' = S\ 87{,}7^0\ W$$

Escribimos el resultado en formato náutico

$$Z = S\ 87{,}7^0\ W => 267{,}7^0$$

$$Ct. = 267{,}7^0 - 269{,}5^0 = -1{,}8^0$$

La respuesta correcta es la **C: Ct = - 1,8**

6.5. *El 10 de enero de 2018 tenemos declinación del Sol $\delta \odot = 21^0\ 57{,}3'$ N. En el momento del orto verdadero se toma Za = N 60^0 E en una posición de latitud 48^0 N. Calcular la corrección total.*

A: Ct = $3{,}97^0$ (-) *B: Ct = $3{,}97^0$ (+)*

C: Ct = $2{,}97^0$ (-) *D: Ct = $3{,}22^0$ (-)*

Resolución:

En este caso trabajaremos con la observación en el momento del orto del Sol. La técnica es exactamente la misma que cuando trabajamos con el momento del ocaso, solo que tomamos el dato del almanaque náutico del momento de la salida del Sol.

Sin embargo, en este ejercicio, el enunciado indica la declinación del Sol en el momento del orto, único dato que necesitamos para calcular el azimut verdadero, además de la latitud de nuestra posición.

Como en nuestro ejercicio ya tenemos la declinación del Sol, directamente calculamos Zv:

$$Cos\ Zv = \frac{sen\ 21^0\ 57{,}3'}{\cos 48^0}$$

$$Zv = 56^0\ 1{,}7'$$

$$Ct = 56^0\ 1{,}7 - 60^0 = -3{,}97^0$$

La respuesta correcta es la **A: Ct = 3,97^0 (-)**

Nota:

Aprovecharemos las características de este ejercicio para comentar algo respecto a cómo aparecen los datos del orto y el ocaso en el almanaque náutico.

Acudimos a la página correspondiente al 10 de enero del almanaque náutico de 2018, y nos damos cuenta de que no existe el dato de la hora de la salida del Sol (orto), sino de la puesta del Sol (ocaso)[13].

El modo de conocer el dato es obtener la media de la hora de salida del Sol, para la latitud dada, del día anterior y del día posterior y obtener el valor medio. Acudiríamos al dato para 20 grados de latitud N.

Día 9 enero 20 N 6h 37m
Día 11 enero 20 N 6h 37m

[13] Respecto al orto y el ocaso del sol, ambos datos no aparecen para cada uno de los días del año, sino que aparecen alternativamente.

En este caso la hora es exactamente la misma, de modo que no sería necesario realizar más operaciones.

TU orto = 6h 37m

A continuación, deberíamos hallar la declinación del astro en ese momento, pero recordemos que no nos hallamos en Greenwich, de modo que, antes habría que hallar hcG.

No disponemos de los datos de longitud de nuestra posición, de modo que no podemos averiguar este dato.

El procedimiento sería, tal como ya se ha realizado en otros ejercicios, sumar o restar nuestra longitud pasada a tiempo, a la hora del orto, que como sabemos corresponde a nuestra Hcl, y averiguar la declinación del astro, para este momento, en este caso el Sol.

6.6. El día 12 de febrero de 2020, a TU: 01h 20m 00s encontrándonos en situación de estima con l = 34º 54'N, se observa la estrella Polar con un azimut aguja = 004º. Tras realizar los cálculos correspondientes, h ♈l = 140º.

Calcular la corrección total.

A: Ct = 4,8º (-)	*B: Ct = 4,8º (+)*
C: Ct = 2,0º (-)	*D: Ct = 4,8º (-)*

Resolución:

Para calcular la corrección total, acudimos a la tabla de azimutes de la Polar y localizamos el valor de Zv para los valores para h ♈l = 140º y l = 35º (por aproximación)

$$Zv = -\ 0{,}8^0$$

$$Ct = Zv - Za = -\ 0{,}8^0 - 4^0 = -\ 4{,}8^0$$

La respuesta correcta es la **D: Ct = 4,8º (-)**

Capítulo 7

La derrota ortodrómica

Derrota ortodrómica.

- **Cálculo de rumbo inicial y la distancia ortodrómica.**

Introducción

La navegación ortodrómica consiste en plantear la ruta hacía el destino siguiendo la derrota por el arco del círculo máximo que pasa por dos puntos sobre la esfera terrestre. Debido a que esta línea se trata realmente de un arco, cuyo ángulo sería el centro de la esfera, el cálculo de la distancia que supone este arco, así como el rumbo inicial[14], no se pueden calcular con la aplicación de la trigonometría más básica, que sería la que usamos para calcular una estima directa o indirecta, sino que requiere aplicar la trigonometría correspondiente a triángulos esféricos.

Los ejercicios de navegación ortodrómica consisten en calcular la distancia entre dos puntos por el círculo máximo, así como el rumbo inicial, 2 componentes de un triángulo esférico. Para ello solamente es necesario conocer las fórmulas que, conocidas la latitud y la longitud de los puntos de salida y de llegada, tomarán dichos datos más un dato adicional a calcular previamente, y aplicarlas. Para profundizar en este tipo de ejercicios, se plantean algunas variantes tales como hallar la distancia ortodrómica conociendo, únicamente, la posición de llegada y el rumbo inicial o calcular la ganancia mediante la navegación ortodrómica respecto a la navegación loxodrómica.

[14] En navegación ortodrómica hablamos de rumbo inicial, ya que este va variando a lo largo del trayecto.

Fórmulas de referencia:

$$Cos\ D = Sin\ l\ x \sin l' + \cos l\ \ x \cos l'\, x\ cos\Delta L$$

$$Ctg\ Ri = \frac{tg\ l' x\ cos\ l}{sin\ \Delta L} - \frac{sin\ l}{tg\ \Delta L}$$

Definiciones:

D = Distancia ortodrómica.

Ri = Rumbo inicial.

l = Latitud de salida.

l’ = Latitud de llegada.

ΔL = Diferencia de longitud.

Ejercicios

7.1. Calcular la distancia ortodrómica entre los puntos A con posición l = 18⁰ 39,0' N y L = 107⁰ 48,0' W y B con posición l = 21⁰ 41,0' N L = 153⁰ 36,0' W (sentido de la navegación hacia el oeste)

A: 2.567,8 millas. *B: 2.578,1 millas.*

C: 2.576,9 millas. *D: 2.581,0 millas.*

Resolución:

Este se trata del ejercicio más sencillo que nos pueden plantear respecto a cálculos de navegación ortodrómica, ya que simplemente, consiste en calcular el dato que nos falta para aplicar la fórmula y seguidamente introducir los datos en la calculadora para para calcular la distancia.

Lo primero que debemos hacer es calcular la diferencia de longitud, el dato que no nos proporciona el ejercicio.

$$\Delta L = 153^0 36{,}0' \text{ W} - 107^0 48{,}0' \text{ W} = 45^0 48{,}0'$$

El enunciado aclara que la navegación es hacía el W, aunque queda claro cuando el valor de la longitud de llegada es mayor que el valor de la longitud de salida y ambas corresponden al hemisferio occidental (W). Además, la diferencia de longitud es menor que 180^0, como no puede ser de otro modo cuando las dos posiciones tienen componente W.

Los datos a introducir en la fórmula son los siguientes:

$$Cos\ D = \sin 18^0\,39' \,x \sin 21^0 41' + \cos 18^0\,39' \,x \cos 21^0\,41' \cos 45^0\,48'$$

El resultado final es D = $42{,}9^0$, que multiplicaremos por 60 para obtener la distancia en millas.

D Orto. = $42{,}9^0$ x 60 = 2576,9'

La respuesta correcta es la **C: *2.576,9 millas*.**

7.2. Calcular el rumbo inicial ortodrómico entre los puntos A de latitud 44⁰ N y longitud 009⁰ W y B de latitud 38⁰ N y longitud 26⁰ W.

A: 289^0 B: 251^0

C: 241^0 D: 265^0

Resolución:

Para resolver este ejercicio, al igual que el anterior, debemos calcular la diferencia de longitud y seguidamente introducir los datos en la fórmula correspondiente:

$$\Delta L = 26^0 - 9^0 = 17^0$$

$$Cotg\ Ri = \frac{tg\ 38^0 x \cos 44^0}{sen\ 17^0} - \frac{sen\ 44^0}{tg\ 17^0}$$

$$Ri = -\ 70{,}7^0$$

Ya sabemos que el resultado de esta operación da lugar a un valor cuadrantal, de modo que nos falta conocer los componentes cuadrantales de dicho resultado y, finalmente, convertir el valor a náutico.

Una forma sencilla de conocer dichos valores es utilizando el siguiente gráfico

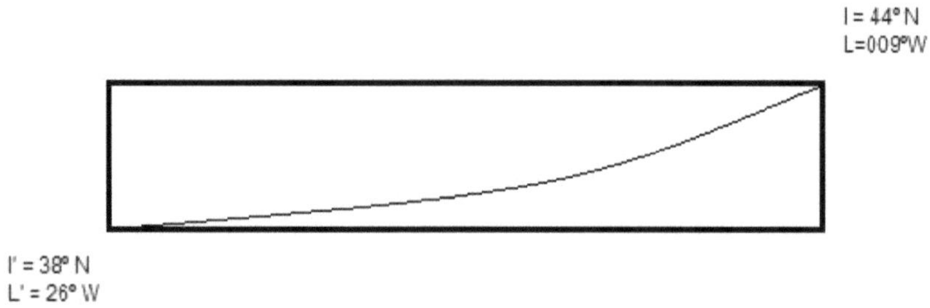

Observamos que el rumbo inicial, Ri, será hacia el sur y hacía el oeste, de modo que Ric = S 70,7^0 W

Finalmente, Rin = 250,7^0, que redondeando al grado más próximo = 251^0

La respuesta correcta es la **B: 251^0**

7.3. Calcular el rumbo ortodrómico inicial y la distancia ortodrómica redondeada a la milla para navegar desde el punto de coordenadas 73⁰ 26' S, 173⁰ 19' E hasta otro punto situado en el ecuador en longitud 96⁰ 41' W.

A: 087⁰ – 4620'	*B: 090⁰ – 5400'*
C: 102⁰ - 3060'	*D: 097⁰ – 3060'*

Resolución:

En este ejercicio nos dan la latitud inicial l = 73⁰ 26' S y debemos deducir que la latitud final o de llegada es l' = 0 (en el Ecuador)

El tercer dato para poder aplicar las fórmulas es la diferencia en longitud, para ello, si las dos componentes de longitud son diferentes, como es el caso, los debemos sumar, por lo tanto, la diferencia en Longitud es 173⁰ 19' + 96⁰ 41' = 270⁰.

Recordemos que el ΔL debe ser menor que 180⁰, de modo que el resultado obtenido lo restaremos de 360⁰, siendo ΔL = 90⁰. Esto significa que, en vez de ir de este a oeste, como parece inicialmente, la navegación será hacia el este, pasando por el meridiano inferior de Greenwich, en el que cambia el hemisferio E a W.

Una vez obtenidos todos los datos nos damos cuenta de que, si el ΔL = 90, cos (90) = 0, de modo que no será necesario calcular la segunda parte de la fórmula, ya que, al incluir una multiplicación por cos (90), el resultado es 0.

Por otro lado, tenemos que Sen (0), correspondiente a la latitud de llegada l, de modo que el resultado de la primera parte de la fórmula también es 0.

Para concluir, cos (D) = 0, de modo que D = 90. Si pasamos el resultado a millas, multiplicando por 60, ya que el resultado sería en grados, nos da el valor de 5400 millas, que corresponde a la respuesta B.

En cualquier caso, aunque ya tenemos la respuesta correcta, procedemos a calcular el rumbo inicial.

Antes de aplicar la fórmula correspondiente, debemos observar que la segunda parte de esta aparece tg 90^0, cuyo valor es igual a infinito, de modo que tampoco calcularemos dicha parte de la fórmula, quedándonos simplemente con la primera parte.
El problema aparece ahora en la primera parte de la fórmula, ya que tg $0^0 = 0$

Sin embargo, no podemos calcular la Cotg de un ángulo que de un valor de 0, ya que la calculadora nos dará un error.

Podemos deducir que Cotg Ri = tg (90 – Ri), y si tg (90 – Ri) 0, entonces Ri = 90, ya que tg 0 = 0.

Si desconocemos estas premisas, podemos usar un caso más práctico:

En lugar de introducir el valor para l' = 0, introducir un valor muy pequeño que no tenga apenas repercusión en el resultado final, por ejemplo 0^0 0' 0,1'' (o incluso menor, como 0^0 0' 0,0001'')

El valor obtenido será Ri = 89,99999, que pasado a grados, minutos y segundos será 89^0 59' 59'', es decir, prácticamente 90^0.

Por último, como el valor obtenido es cuadrantal, falta indicar los componentes de este rumbo en formato circular.

Dado que no hay cambio de latitud desde el punto inicial al punto final, el componente N/S será indiferente, ya que es lo mismo N 90 E que S 90 E

Como la dirección es E, como hemos visto al principio, el rumbo inicial es N 90 E, que en notación circular es 90^0.

Ratificamos que la respuesta correcta es la **B: 090^0 – 5400'**

7.4. Calcular para la derrota ortodrómica entre A: l = 20º 30´N, L = 00º 00´ y B: l´= 20º 30´ N, L´ = 90º E su distancia ortodrómica y su rumbo inicial (sentido navegación: hacia el Este).

A: Ri = 070,7º Do = 4977,3´ *B: Ri = 070,7º Do = 4877,3´*

C: Ri = 075º Do = 4977,3´ *D: Ri = 075º Do = 4877,3´*

Resolución:

En principio, se trata de un ejercicio sencillo de cálculo de distancia ortodrómica y rumbo inicial, en el que solo hay que introducir los datos en las correspondientes fórmulas, no sin antes identificar la diferencia de longitud, que en este caso será igual a la longitud final, ya que la longitud inicial corresponde al meridiano 0.

$$\Delta L = 90^0$$

Si bien, no habrá problemas a la hora de resolver la fórmula una vez introducidos los datos, si sabemos que el cos (90) = 0, y que esta función aparece en la segunda parte de esta, podemos obviarla, de modo que la fórmula para el cálculo de la distancia ortodrómica se reduciría a lo siguiente:

$$\cos Dort. = sen\ 20^0\ 30' x\ sen\ 20^0\ 30'$$

D. Orto. = 82.95 x 60 = 4.977,3 millas.

Para calcular la segunda parte del ejercicio obviaremos la segunda parte de la fórmula, ya que esta contiene la función tg (90), cuyo valor es infinito.

Respecto a la primera parte de la fórmula, aparece la función sen (90), cuyo valor es = 1, de modo que podemos reducir la fórmula de cálculo a la siguiente expresión:

$$Cotg\ Ri = tg\ 20^0\ 30' x\ cos\ 20^0\ 30'$$

$$Ri = 70{,}7^0$$

Recordemos que este valor es cuadrantal, pero al ser sus componentes los siguientes:

Ri = N $70{,}7^0$ E, el valor en formato náutico es $70{,}7^0$

La respuesta correcta es la **A: Ri = $070{,}7^0$ Do = 4.977,3´**

7.5. En situación de salida l = 25^0 N y L = 60^0 E y situación de llegada l = 55^0 S – L = 105^0 W, calcular la distancia ortodrómica (D) entre ambas posiciones y el rumbo inicial (Ri) si navegamos hacia el Oeste.

A: D = 8872' – Ri = 196,3^0 *B: D = 8862' – Ri = 163,3^0*

C: D = 8882' – Ri = 196,3^0 *D: D = 8892' – Ri = 163,3^0*

Resolución:

Este ejercicio no plantea ninguna dificultad especial, salvo tener en cuenta que pasamos de una latitud norte a una latitud sur. Consiste en calcular el dato que nos falta, la diferencia de longitud, y a continuación aplicar las fórmulas correspondientes al cálculo de distancia ortodrómica y rumbo inicial.

Como las longitudes están en hemisferios diferentes, sumamos los dos valores correspondientes a la longitud:

$$\Delta L = 60^0 \, E + 105^0 \, W = 165^0$$

Al situarse los puntos de salida y de llegada en latitudes de diferente especie, debemos multiplicar la primera parte de ambas fórmulas x -1:

$$Cos\, D = -1 \; x \; Sin\; 25^0 \; x \sin 55^0 + \cos 25^0 \;\; x \cos 55^0 \;\; x \cos 165^0$$

El resultado pasado a millas es D = 8.881,7', redondeando 8.882 millas.

Para calcular el rumbo inicial aplicamos la fórmula correspondiente, multiplicando de nuevo la primera parte de esta por -1.

$$Ctg\ Ri = -1\ x\ \frac{tg\ 55\ x\ cos\ 25}{sin\ 165} - \frac{sin\ 55}{tg\ 165}$$

Ri = -16,28^0

Colocamos los componentes cuadrantales

Como el resultado es negativo, el componente N/S será contrario al de la latitud de salida, por lo tanto, S

El componente E/W será W, como dice el enunciado.

De modo que el resultado es Ri = S 16,28 W, Ri = 196,3^0

La respuesta correcta es la ***C: D = 8882' – Ri = 196,3^0***

7.6. **Calcular la ganancia que supone la navegación ortodrómica respecto a la navegación loxodrómica para ir desde un punto de coordenadas l = 43⁰ 26' N y L = 008⁰ 25' W a otro punto de coordenadas l = 47⁰ 33' N y L = 052⁰ 40' W.**

A: 31,5 millas *B: 23,8 millas*

C: 25,4 millas *D: 24,5 millas*

Resolución

Este ejercicio requiere ir un poco más lejos que calcular la distancia ortodrómica entre dos puntos, ya que lo que se pide es calcular la ganancia, es decir, el número de millas que se navegarán de menos, o que se ahorrarán, respecto a plantear el mismo destino por navegación loxodrómica, es decir, a un rumbo directo.

Para resolverlo, por un lado, tendremos que calcular la distancia aplicando la fórmula de navegación ortodrómica, y por el otro, planteando el cálculo de dicha distancia resolviendo un problema de estima indirecta.

Empezaremos por el cálculo de la distancia ortodrómica.

Como de costumbre, el enunciado nos indica el punto inicial y el punto final, de modo que ya tenemos los valores l y l' a introducir en la fórmula de cálculo de la distancia, y como de costumbre, debemos calcular la diferencia de longitud, que es el tercer dato que necesitamos para introducir en le formula.

$$\Delta L = 052^0\ 40' - 008^0\ 25' = 044^0\ 15'$$

Calculamos la distancia ortodrómica:

$$\text{Cos D} = \text{Sin } 43^0 26' \text{ x} \sin 47^0 33' + \cos 43^0 26' \text{ x} \cos 47^0 33' \text{ x} \cos 44^0 15'$$

D = 30,86 x 60 = 1.852 millas.

Para continuar con la resolución del ejercicio, calculamos la distancia entre los 2 puntos por estima inversa.

Calculamos la diferencia de latitud.

$$\Delta l = 47^0\ 33' - 43^0\ 26' = 4^0\ 7' = 247'$$

Calculamos la latitud media

$$lm = (47^0\ 33' + 43^0\ 26')\ /\ 2 = 45^0\ 29{,}5'$$

Pasamos la diferencia de longitud, que hemos calculado anteriormente, a millas:

$$\Delta L = 044^0\ 15' = 2.655'$$

Con los datos que tenemos ya podemos calcular el apartamiento:

$$A = 2.655' \times \cos 45^0\ 29{,}5' = 1861{,}2'$$

Con los datos del triángulo (Δl y A) calculamos el rumbo:

$$Tg\ Rd = \frac{A}{\Delta l} = \frac{1861{,}2'}{247'} = 7{,}5352$$

$$Rd = N\ 82{,}44^0\ W$$

Finalmente calculamos la distancia:

$$Dl = \frac{\Delta l}{\cos Rd} = \frac{247}{\cos 82{,}44^0} = 1877{,}4\ millas,$$

Para calcular la ganancia o ahorro en millas de distancia, restamos a distancia ortodrómica la distancia calculada por la técnica loxodrómica (o estima directa):

Ganancia = 1877,4 – 1852 = 25,4 millas.

La respuesta correcta es la **C: 25,4 millas**

7.7. Entre dos puntos de dos círculos máximos (A= pto. de salida y B= pto. de llegada), tenemos una diferencia de longitud de 94⁰ hacia el W. La latitud del punto de llegada B es de 50⁰ Sur y el rumbo ortodrómico inicial para ir desde A hasta B es de 226⁰. ¿Cuál será la distancia ortodrómica entre A y B?

A: 3700 milla *B: 3783 millas*

C: 3872 millas *D: 3764 millas*

Resolución:

Este ejercicio se sale de lo corriente, ya que no conocemos la latitud de salida, de modo que no podemos aplicar las fórmulas habituales.

Para este caso se utiliza el Teorema del seno de Bessel.

En la aplicación de este teorema, o más bien, de una de sus fórmulas, se deduce que la relación entre los ángulos y los arcos de nuestro triángulo de posición es la siguiente:

$$\frac{sen\ D}{sen\ \Delta L} = \frac{sen\ (90\ \pm \Delta l_{llegada})}{Sen\ Ri}$$

Esta fórmula se deduce de la proporcionalidad entre el seno de un ángulo y el seno del arco del ángulo opuesto y el seno de otro ángulo y el seno del arco de su propio lado opuesto.

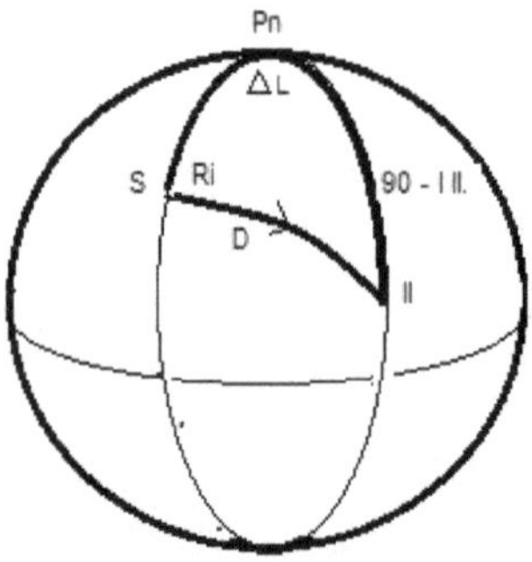

En el dibujo vemos las relaciones antes descritas: el seno de la distancia respecto al seno de la diferencia en longitud es proporcional al seno del complementario de la latitud de llegada respecto al rumbo inicial.

Una cuestión que nos debemos plantear es si la latitud de llegada es de la misma especie que la latitud de salida, en caso de que sean iguales, el arco complementario a la latitud será = 90 – l llegada, y en caso de que sean de diferente especie, dicho arco es = 90 + l llegada.

Pues bien, como lo que nos interesa es la distancia, no la latitud de salida no tiene mayor importancia ya que, matemáticamente:

$$\text{sen}(90+a) = \text{sen}(90-a)$$

de modo que el resultado será el mismo.

Vamos a aplicar este segundo caso:

$$\frac{sen\ D}{sen\ 94^0} = \frac{sen\ (90^0 + 50^0)}{Sen\ (360^0 - 226^0)}$$

Nótese que estamos trabajando con un triángulo esférico, y que los ángulos ni pueden ser mayores que 180, de modo que restaremos el Ri de 360 para llevar a cabo la operación:

$$Sen\ D = \frac{sen\ (140^0)}{Sen\ 134^0}\ x\ sen\ 94^0$$

D = 63, que si pasamos a millas (x 60) = 3.783

La respuesta correcta es la **B: 3.783 millas**

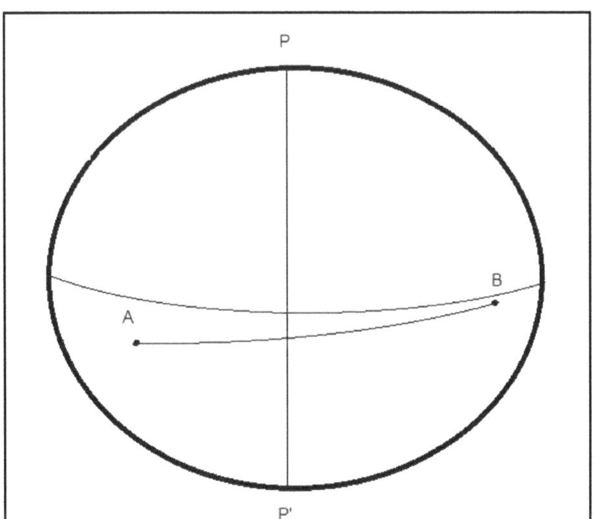

ANEXOS

Anexo 1. Error de índice.

Introducción.

Si bien los ejercicios que hacen referencia al sextante forman parte de la asignatura "Teoría de navegación", dentro del módulo de navegación, he creído conveniente plantear algunos ejercicios acerca de este tema, ya que comportan algunos cálculos prácticos más allá de la teoría.

Ejercicios

A1.1. Al calcular la corrección de índice de un sextante de tambor tangenteando los limbos superior e inferior de las dos imágenes del sol, se obtienen las siguientes medidas:

- A la derecha del limbo: 0^0 en el limbo y 34.2' en el tambor.
- A la izquierda del limbo: 0^0 en el limbo y 40,6' en el tambor.

Calcular error de índice del sextante:

A: - 2' *B: + 2'*
C: -7,4' *D: +10,0'*

Resolución:

Para calcular el error de índice del sextante debemos obtener el valor medio de los ángulos observados. Para ello lo que haremos será sumar la altura observada con valor a la derecha del tambor y restar la altura observada con valor a la izquierda, para seguidamente dividir por 2.

Sim embargo, debemos tener en cuenta que la lectura a la derecha del tambor no da un valor directo, sino que da el valor hasta el siguiente grado.

De este modo, los valores a sumar los siguientes:

Lectura a la derecha del tambor: 0^0 34,2'

Valor = 60' – 34,2' = 25,8'

Lectura a la izquierda del tambor: 0^0 40,6'

$$ei = \frac{25{,}8' - 40{,}6'}{2} = -7{,}4'$$

La respuesta correcta es la **C: - 7,4'**

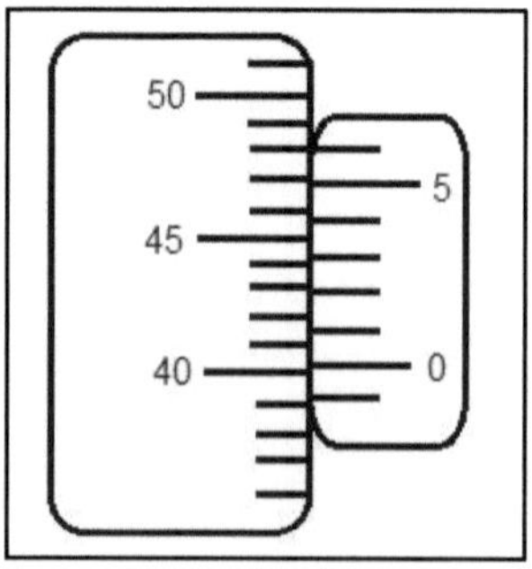

A1.2. Calcular la corrección de índice de un sextante de nonius, en el que las divisiones del nonius son de 10 minutos, y del que se han obtenido las siguientes lecturas:
- A la derecha: 12' en el limbo y 2,3' en el nonius.
- A la izquierda: 14' en el limbo y 3,4' en el nonius.

A: - 1,55'	*B: + 43,55'*
C: + 20,15"	*D: + 1,15'*

Resolución:

Este ejercicio difiere del anterior en el cálculo de la lectura a la derecha, ya que, los sextantes de nonius establecen las divisiones pudiendo ser de varios tipos, a diferencia de los sextantes de tambor, que suelen ser de 1 grado.

En este caso, el enunciado indica que las divisiones son de 10 minutos, de modo que, para tomar la lectura a la derecha, restaremos la lectura en el nonius de 10, no de 60 como se hizo en el ejercicio anterior.

Dicho esto, procedemos a realizar los cálculos.

Lectura a la derecha del tambor: 0^0 34,2'

Valor = 12' + (10' – 2,3') = 19,7'

Lectura a la izquierda del tambor: 17,4'

$$ei = \frac{19{,}7' - 17{,}4'}{2} = 1{,}15'$$

La respuesta correcta es la **D: + 1,15'**

Nota:

Es muy importante leer bien el enunciado para tener presente las divisiones del nonius, ya que para tomar la lectura de la derecha será el numero al que restar la lectura obtenida en el índice.

También es importante tener en cuenta que le la lectura del nonius (o del tambor) no es la lectura real, sino la que hay que usar para realizar las operaciones, ya sea restando de 60', de 20' o, como en este caso, de 10'.

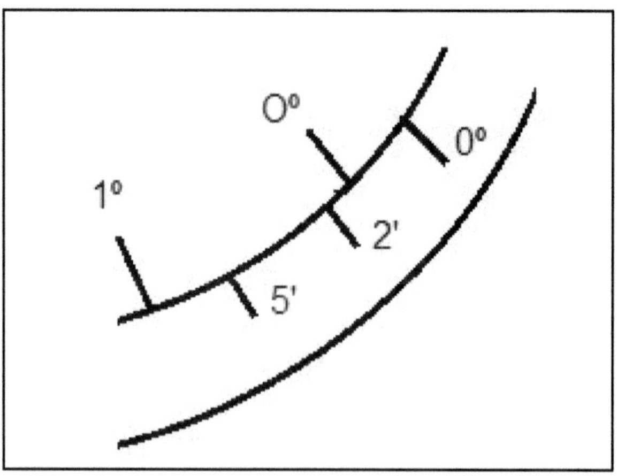

Anexo 2. Uso de la calculadora

Para resolver los ejercicios con fórmulas algo complejas, resulta muy cómodo usar las memorias que ofrecen la mayoría de las calculadoras científicas.

Cada fabricante establece unas características en la forma de introducir los valores en las variables de memoria, incluso puede diferir de un modelo a otro del mismo fabricante, de modo que vamos a intentar explicar el sistema más frecuentemente utilizado para realizar esta función.

Damos por supuesto que disponemos de una calculadora con memorias que van de la A a la D, o incluso de la A a la F, por lo tanto, 6 espacios de memoria. En nuestro caso será suficiente con 3, de modo que usaremos las memorias A, B y C.

Para introducir un valor en una de las memorias, escribiremos el valor en la pantalla, o simplemente, dicho valor corresponde al resultado del último cálculo realizado.

A continuación, localizaremos la tecla con el valor *STO* (store). Dicha función suele corresponder a una opción secundaria de un botón, de modo que, para activar dicha función, antes tendremos que pulsar la tecla *Shift.* Seguidamente seleccionaremos la tecla que corresponde a la memoria en la que queremos guardar el dato.

Una forma útil de trabajar con las memorias es usar siempre las mismas para cada dato, por ejemplo, la memoria A, para la latitud, B para la declinación y C para el ángulo en el polo.

También resulta interesante usar este sistema para calcular la distancia y derrota ortodrómicas. En este caso usaríamos la memoria A, para la latitud de salida, B para la latitud de llegada y C para la diferencia de longitud.

Ejemplo.

Situados en latitud estimada (le) = 39^0 21' N, queremos hallar la altura estimada (ae), de una estrella cuya declinación:

$$\delta = 10^0\ 12{,}5'\ N,$$

y el horario del astro en el lugar:

$$h{*}l = 75^0\ 14'$$

Recordemos la fórmula:

$$sen\ ae = sen\ l\ \mathrm{sen}\ \delta + \cos l\ \ x \cos \delta\, x\ \cos\ {}^\wedge p$$

Si trabajamos con las memorias que hemos indicado, el formato sería el siguiente:

$$sen\ ae = sen\ A\ \mathrm{sen}\, B + \cos A\ \ x \cos B\, x\ \cos\ C$$

La secuencia para introducir los datos sería la siguiente:

Para introducir los datos en las memorias.

39 [° ' "] 21 [° ' "] [Shift] [STO] [A]

10 [° ' "] 12,5 [° ' "] [Shift] [STO] [B]

75 [° ' "] 14 [° ' "] [Shift] [STO] [C]

Una vez introducidos los datos calcularemos según la fórmula:

[sin] [ALPHA] [A] [sin] [ALPHA] [B] [+]
[cos] [ALPHA] [A] [cos] [ALPHA] [B] [cos] [ALPHA] [C] [=]

Esa secuencia dará como valor el seno de **ae = 0.306350243**

Para calcular ***ae*** pulsamos

[Ans] [Shift] [sin] [=]

Lo que dará como resultado **17.83941621**

Finalmente pulsamos [° ' "] y obtendremos el valor en grados minutos y segundos

ae = 17⁰ 50' 21.9"

A continuación, vamos a calcular el azimut del astro. Como ya tenemos introducidos los valores en las memorias correspondientes, simplemente trabajamos con la fórmula dichas memorias.

Recordamos la fórmula y su aspecto si trabajamos con las memorias:

$$Ctg\,Z = \frac{tg\,\delta\ \cos l}{sen\ \hat{}p} - \frac{sen\,l}{tg\ \hat{}p}$$

$$Ctg\ Z = \frac{tg\ B\ \ cos\ A}{sen\ C} - \frac{sen\ A}{tg\ C}$$

Como ya tenemos los datos introducidos en las correspondientes memorias, calcularemos según la fórmula:

[tan] [ALPHA] [B] [cos] [ALPHA] [A] [÷] [sin] [ALPHA] [C] [—]

[sin] [ALPHA] [A] [÷] [tan] [ALPHA] [C] [=]

Esta operación nos dará el valor **- 0.023121449**

Para obtener la inversa de la tangente pulsamos:

[Ans] [x^{-1}] [=]

Lo que nos da un valor de -43.24988288

Finalmente, para hallar el arco tangente pulsamos:

[Shift] [tan] [=]

Obteniendo el valor de **Z = - 88.6754745**

Si lo queremos convertir a grados pulsamos [° ' "] y obtendremos:

Z = -88^0 40’ 31’ 71”

Anexo 3. Definiciones y abreviaturas

Entorno general

l = latitud.

L = longitud.

le = latitud estimada.

Le = longitud estimada.

A = apartamiento.

lm = latitud media.

Δl = diferencia de latitud.

ΔL = diferencia de longitud.

Z = azimut.

Zn = azimut náutico.

Zc = azimut cuadrantal.

Entorno de cálculos del triángulo de posición y almanaque náutico

δ = declinación.

^P = ángulo en el polo.

^Pw = ángulo en el polo occidental.

^Pe = ángulo en el polo oriental.

♈ = punto de Aries.

h♈ = horario en el punto de Aries.

h♈G = horario del punto de Aries en Greenwich.

h♈Gc = horario del punto de Aries en Greenwich corregido.

h♈l = horario de Aries en el lugar.

A.S. = ángulo sidéreo.

h* = horario del astro.

h*G = horario del astro en Greenwich.

h*Gc = horario del astro en Greenwich corregido.

h*l = horario del astro en el lugar.

Cmmss = corrección minutos y segundos.

h⊙ = horario del Sol.

h⊙G = horario del Sol en Greenwich.

h⊙Gc = horario del Sol en Greenwich corregido.

h⊙l = horario del Sol en el lugar.

ae = altura estimada.

ae = altura verdadera.

Δe = diferencia de altura.

Z = distancia cenital.

Entorno de medición del tiempo.

Hc = hora civil.

HcG = hora civil en Greenwich.

Hcl = hora civil del lugar.

Hcʘ = hora civil del Sol.

HcʘG = hora civil del Sol en Greenwich.

Hcʘl = hora civil del Sol en el lugar.

Hclms = hora civil del lugar en el paso del sol por la meridiana.

Hz = hora legal.

Ho = hora oficial.

Lt = longitud en tiempo.

Z = huso horario.

TU = hora universal (corresponde a la HcG).

PMG = hora de paso del Sol por la meridiana en Greenwich.

Entorno de corrección de ángulos

Ct = corrección total.

Za= azimut aguja.

Zv = azimut verdadero.

Ra = rumbo aguja.

Rv = rumbo verdadero.

Entorno de navegación ortodrómica

l = latitud de salida.

L= longitud de salida.

l' = latitud de llegada.

L'= longitud de llegada.

Funciones matemáticas.

sen = seno.

cos = coseno.

tan = tangente.

cotg = cotangente.

Bibliografía

Capitán de yate. Capt. J.B.Costa. 3ª Edición 2003.

Almanaque náutico 2020. Vol. CCXXIX. Ministerio de defensa.

https://www.sicorodiez.com

https://www.nauticacostaverde.com